"十四五"普通高等教育本科部委级规划教材

品牌包装设计

黄慧君　王孟德　编著

U0189760

中国纺织出版社有限公司

内 容 提 要

本书从对品牌包装设计的认知入手，介绍品牌、包装、产品、商品、受众、消费者、品牌包装的设计要素等基本概念，品牌包装设计的源起与发展趋势，品牌包装设计的流程。本书理论联系实践，专注对品牌包装设计的理论与实践问题的阐释，结合学科竞赛，针对相关品牌的特点，阐述品牌包装的设计与营销的理论和方法，并应用于品牌包装设计实践中，建立起品牌包装设计的系统与流程，深化对品牌包装设计能力提升的认识。

本书可作为高等院校设计类相关专业教材，也可供设计爱好者参考阅读。

图书在版编目（CIP）数据

品牌包装设计 / 黄慧君，王孟德编著. -- 北京：中国纺织出版社有限公司，2024.6. --（"十四五"普通高等教育本科部委级规划教材）. -- ISBN 978-7-5229-2018-4

Ⅰ. TB482

中国国家版本馆 CIP 数据核字第 2024LW7134 号

责任编辑：亢莹莹　　责任校对：高　涵　　责任印制：王艳丽

中国纺织出版社有限公司出版发行
地址：北京市朝阳区百子湾东里 A407 号楼　邮政编码：100124
销售电话：010—67004422　传真：010—87155801
http://www.c-textilep.com
中国纺织出版社天猫旗舰店
官方微博 http://weibo.com/2119887771
北京通天印刷有限责任公司印刷　各地新华书店经销
2024 年 6 月第 1 版第 1 次印刷
开本：787×1092　1/16　印张：14
字数：360 千字　定价：59.80 元

前　言

人的需求在不断变化，设计在其中扮演着至关重要的角色。

随着人们对美好生活的日益向往，对产品的舒适感、便捷性和美感的追求也在持续升级，这为设计师们提供了广阔的创意空间，同时也带来了前所未有的挑战。

在消费市场不断演变的大背景下，产品包装已逐渐超越了其单纯的保护功能，转而成为品牌与消费者之间的重要沟通桥梁。特别是在颜值经济盛行的当下，品牌包装设计的重要性日益凸显。它不仅是品牌形象的直观展示，更是吸引消费者、激发购买欲的关键环节。

新一代消费者的崛起带来了更加多元化、个性化的市场需求。他们不仅关注产品的外观和质感，还追求与品牌的情感联结。同时，短视频、直播带货等新兴营销方式的兴起，也使包装成为品牌与消费者互动的重要媒介。因此，优秀的品牌包装设计能够让产品在竞争激烈的市场中脱颖而出，赢得消费者的喜爱和青睐。

在中国消费品市场蓬勃发展的黄金时期，品牌包装设计扮演的角色越发重要。设计师们不仅需要关注产品的美观与实用，更要深入洞察消费者的需求和市场趋势，将品牌理念与市场策略巧妙地融入品牌包装设计中。这使得包装设计成为品牌与消费者之间沟通的桥梁和市场策略中的关键一环。

然而，当前市场上的一些品牌在包装设计上存在明显的问题：这些设计试图传达过多的信息，但没有一个明确的焦点或策略。这反映出品牌在策略思考上的不足。一个好的品牌包装设计应该是策略与创意的完美结合，既要满足市场需求，又要体现品牌的独特性和价值观。为了实现这一目标，设计师们需要像消费者一样体验产品，深入了解他们的需求和期望，并对竞争对手进行深入的研究和分析，以找到自己的差异化和创新点。

在品牌包装设计中，视觉要素的运用至关重要。一种别致的造型、一个好的名字、一句吸引人的广告语、一幅精美的插画或一套和谐的色彩搭配，都可能成为决定产品命运的关键因素。因此，领悟并巧妙运用视觉要素是每个设计师的必修课。特别是文字元素，尽管它可能不如图形和色彩那么引人注目，但文字不仅是传递信息的重要工具，更是激发创意和灵感的源泉。在包装设计中，文字与图形、色彩等元素相互融合能够共同构建出品牌的独特形象和风格。

当然，包装设计并非孤立存在，而是需要与品牌理念、技术手段等紧密结合，共同打造出既实用又美观的产品。出色的品牌包装设计需要综合考虑材料选择、结构设计、实用性、经济性以及美学效果等多个方面，以挖掘产品的深层内涵，并赋予其独特的魅力。在这个过程中，突破传统限制、精准解决用户痛点和满足个性化需求是至关重要的。

与此同时，我们必须意识到品牌包装设计所面临的挑战。随着市场的日益成熟和竞争的加剧，颜值与创意并存的产品往往更容易受到消费者的青睐。这就要求设计师们不仅具备扎实的艺术功底和市场洞察力，还需要不断积累实践经验，并关注社会文化的变迁。更重要的是，在满足商业需求的同时，品牌包装设计还应承担起社会责任，关注地球资源的有限性和环境保护问题。将可持续发展理念融入品牌包装设计不仅是设计者应尽的社会责任，还是推动社会进步和环境保护的重要力量。

为了帮助学生更好地应对这些挑战，并提升他们的设计能力，我们特别编著了《品牌包装设计》。本书从品牌包装设计的认知、源起和发展趋势入手，全面深入地探索品牌包装设计的各个环节和要素。通过理论讲授与设计实践相结合的方式，旨在培养学生的创新思维，以及产品包装策划、设计、研究等实践和创新能力，使他们在面对复杂多变的市场环境时能够迅速找到解决问题的策略和方法。

在教学过程中，将重点关注品牌包装的艺术表现和科学的设计方法，并引入生态包装、绿色包装等先进理念，以培养学生的环保意识和道德责任感。同时，也将关注品牌包装设计在文化传承和创新方面的作用，鼓励学生从中华优秀传统文化中汲取灵感并融入现代设计实践中。弘扬中华优秀传统文化，培养工匠精神，树立学生的文化自信和民族自信。

在本课程的学习过程中，学生先认知，再探索，最后呈现品牌包装设计。通过实际项目的推进，锻炼和提高他们运用品牌包装设计理论和方法解决包装设计中出现的问题的能力。通过本教程的学习，期望每一位学生都能够明确包装设计的目的和价值所在——它不仅仅具有美化商品或提供保护功能，更重要的是要关注社会发展、提高生活质量、塑造品牌形象并引导消费意识等多方面的作用。期待每一位学生在课程结束后都能够掌握扎实的包装设计理论知识并具备独立实践的能力，为未来的职业生涯奠定坚实的基础。希望本书能对在校师生的教学和研究有一定的帮助，更期待得到广大设计师和同行的指教。

最后，希望本书能够成为学生们在品牌包装设计领域的启蒙之作，引领他们走进这个充满挑战和机遇的世界。让我们一起努力，为产品的价值提升和消费者的美好生活贡献我们的智慧和力量。

2023 年 3 月 2 日于花醉堂

教学内容及课时安排

章	课程性质（课时）	课时	课程内容
第一章	理论与实验实践课（8课时）	8	**品牌包装设计的认知**
	理论课（4课时）	1	第一节　基本认知
		1	第二节　品牌包装设计的源起与发展趋势
		1	第三节　品牌包装的设计要素
		1	第四节　品牌包装的设计流程
	实验实践课（4课时）	4	品牌选题分析
第二章	理论与实验实践课（12课时）	12	**品牌包装设计的规范形式探索**
	理论课（4课时）	1	第一节　品牌包装设计的营销属性
		1	第二节　包装的规范
		1	第三节　包装材料认知
		1	第四节　包装造型设计
	实验实践课（8课时）	8	品牌选题的深入分析与包装设计的规范学习
第三章	理论与实验实践课（20课时）	20	**品牌包装设计的视觉形式探索**
	理论课（4课时）	1	第一节　包装的版式设计认知
		1	第二节　文字编排类的包装设计
		1	第三节　图形图像类的包装设计
		1	第四节　缤纷色彩类的包装设计
	实验实践课（16课时）	16	品牌包装的标签及主展示面的方案设计
第四章	理论与实验实践课（24课时）	24	**品牌包装设计的创意与呈现**
	理论课（4课时）	1	第一节　品牌包装策略呈现
		1	第二节　品牌包装设计呈现
		1	第三节　助力乡村振兴的包装设计实例体验
		1	第四节　结合非遗文化的老字号包装设计实例体验
	实验实践课（20课时）	20	品牌包装的完稿、效果图及展板设计

注　各院校可根据自身的教学特点和教学计划对课程时数进行调整。

目　录

课程内容

本章教学内容为引导学生认知品牌包装设计。了解相关概念、术语，了解品牌包装设计的源起与发展趋势，掌握品牌包装的设计要素及设计流程。通过本章的学习，学生对于品牌包装设计有一个整体的认识。

思政要点

学生能够自觉掌握新知识、新技能；增强创新意识和能力。培养良好的职业认同感；学会发掘和提取与品牌包装产品出产地相关的地域文化、民族文化、红色文化和优秀的传统文化，学习继承并弘扬中华传统文化，实现文化自信、民族自信；树立节约、绿色、环保理念。

关键术语

设计要素；市场调研；设计流程。

重点和难点

重点：前期调研的准确性和充分度。如何选择合适的文化元素作为品牌包装设计的切入点。

难点：选题的分析、相关文化的调研、设计点的挖掘和情绪板的搭建。

作业及要求

作业：某品牌包装设计一套（选题、设计文案、前期调研部分）。

要求：从教师的科研设计项目或各大赛事中选取相关的品牌进行包装设计的真题真做；初步构想品牌或产品的名称、文案（核心价值点、广告语和口号等）；收集整理选题前期的资料、设计相关资料，做市场调研报告。

第一节　基本认知

一、品牌、包装设计、品牌包装设计

（一）品牌

对于品牌的理解，不同时期不同的人有不同的解释。比较有代表性的有美国学者菲利普·科特勒（Philip Kotler）提出的观点，他认为品牌是"名称、术语、标记、符号或设计，或是上述元素的组合，用于识别一个销售商或销售商群体的商品与服务，并使之与竞争对手的商品或服务区分开来。""品牌是销售者向购买者长期提供的一种特定的特点、利益和服务。品牌至少包含以下六个方面的内容：属性、利益、价值、文化、个性以及用户。"

品牌是企业最重要的资产，是企业或产品与众不同的核心竞争力。通过准确的品牌定位，确立品牌在目标市场中的独特位置，利用差异化特色，满足消费者需求，区别于竞争对手；帮助企业树立品牌形象、建立信任、吸引顾客，消费者对知名的品牌更容易产生良好的印象和信任，甚至产生消费忠诚。

许多公司都致力于打造独属的品牌形象，传递公司品牌的价值观、文化和信念，国内外很多品牌拥有较高的知名度和美誉度，与其品牌相关的产品或服务往往更容易受到消费者的青睐。

所以品牌是某个企业、产品或服务拥有的独特形象。通过品牌名称、标志、标准色、IP形象、符号、口号、产品包装以及与之相关的一系列品牌形象，展示品牌的独特特征和品牌价值，提高市场占有率，实现产品的溢价和增值，为企业带来商业利润。

（二）包装设计

包装设计（Package Design）由两个部分构成，一是包装，二是设计。《包装通用术语》中对"包装"词条的解释："为在流通过程中保护产品，方便运输，方便储存，促进销售，按一定的技术方法而采用的容器、材料及辅助物的总体名称""也指为了达到上述目的而采用容器、材料和辅助物的过程中施加一定技术方法等的操作活动"。

美国包装协会认为，"包装是为产品的运出和销售的准备行为。"《牛津词典》对"包装"词条的解释："给包装物品加以时髦感的行为。"加拿大包装协会定义，"包装是将产品由供应者送到顾客或消费者，从而保持产品处于完好状态的工具。"

上述的阐释表明包装在商品生产和流通过程中起到非常重要的作用。包装既指盒、袋、瓶、桶等盛放产品的容器、材料及辅助物品，即包装物，也指实施盛装、封缄、打包等包装产品的过程。

设计指方案、计划，是创造、规划和组织物品或系统的过程。包装设计是指为产品开发和设计包装外观的全过程，包含包装工艺技术设计、包装结构造型设计、包装视觉传达设计、包装附加物设计、包装防伪技术处理等整体系统化设计，涉及运输包装、销售包装、包装新材料新技术的开发等设计。

本书从专业特色出发，主要讲解销售包装设计。涵盖包装材料、结构、造型、装潢、印刷等诸多要素，包括包装材料、结构、外观的设计，其目的是更好地存储、运输物品，促进商品的销售，其目标是解决问题、满足需求。比如设计酒类包装时首先要考虑一个酒瓶里装多少毫升酒，一套系列的包装由几件单品组成；其次要考虑瓶型结构，瓶面的装潢、材质、肌理、色调，外包装的纸盒结构及盒面装潢等设计。好的设计不仅限于外观和形式，还包括功能、用户体验、文化传承、可持续性等多方面的考虑。所以酒类的包装设计就是不停地在形式、功能、美学和实用性方面进行设计的平衡。

包装设计蕴含科学与艺术的交融性，卓越的设计不仅应追求视觉上的美感，还需兼顾实用性与易用性，同时承载情感寄托，并秉持环保与可持续发展的理念。这种设计是立体且多元的，能够深刻洞察并满足人们的需求与期望，从而在使用体验与情感共鸣上达到和谐统一。

（三）品牌包装设计

本书中的品牌包装设计是指为特定品牌的产品开发研制的、独特和吸引消费者的包装外观和结构。通过视觉上的识别、触觉上的互动和情感上的交流来传达品牌的核心理念、个性和故事，传递品牌价值和提供产品保护，促进销售和增强消费者体验。成功的品牌包装设计可以帮助品牌在市场上建立差异化优势，提高消费者的忠诚度，借此在竞争激烈的市场中脱颖而出。

二、产品、商品、用品、废品

一件劳动制品从诞生到消亡一般要经过生产、销售、使用和废弃处理4个环节。劳动制品处于生产和运输环节时被称作产品，处于销售环节时被称作商品，处于使用环节时被称作用品，处于废弃阶段时被称作废品。

（一）产品

产品一般是由企业根据市场需求自主开发、设计、生产制造或提供的任何物品、服务或想法，并通过销售渠道提供给消费者。产品的范围非常广泛，它可以是有形的物品，如日用品、电子设备、服装、汽车等，也可以是无形的服务，如旅游、教育，还可以是虚拟的物品，如在线课程、网络游戏等，具体取决于不同的行业和需求。

（二）商品

商品是指广泛存在于市场上可以被买卖或交换的产品，能满足消费者需求的物品或服务。有实体存在的商品，如大米、石油和珠宝等，也有以媒体和网络数字形式存在的虚拟商品等。商品在市场上可以进行交易，其价值通常由供求关系决定。

（三）用品

用品与个人需求和生活方式有关，一般是指生活中或工作中所需的物品、材料或设备。用品是为了满足人们的使用需求而生产或购买的，比如日用品、办公用品、清洁用品、药品、个人护理用品等。用品的特点是被广泛使用和持续购买，并与个人、家庭和组织的日常生活密切相关。

（四）废品

当用品超过保质期或无法被继续使用时，会被废弃处理，成为废品。为减少对环境的负面影响和避免资源浪费，会对废品进行适当的处理。常见的废品处理方式包括回收、再利用、重新加工或安全处置。这些措施有助于减少废物量，促进可持续发展。

三、受众、购买者、体验者、传播者

受众、购买者、体验者和传播者都是消费者或消费群体，他们在市场中扮演着不同的角色，其购买行为和偏好直接影响着供需关系和市场运作。因此，品牌方通常会根据消费者的需求和喜好来开发和推广产品，以满足不同群体的需求。

（一）受众

受众是信息的接收者，是产品或品牌的目标消费者或消费群体。品牌方通过对受众需求、喜好和购买决策等因素的调研分析，准确把握受众的心理和行为特征，设计出符合受众期望的品牌包装，吸引他们的注意力并激发其购买欲望。

（二）购买者

购买者是指实际购买产品的消费者或消费群体。购买者和受众不会完全重合，因为不是所有的受众都会直接购买产品，他们属于潜在的购买群体；还有些产品可能由其他人购买并赠送给受众。

在品牌包装设计中，品牌方通过对购买者的购买动机、偏好和价值观等因素的调研分析，满足购买者的购买需求，吸引购买者，增加产品的销售量和市场份额。

（三）体验者

体验者是指使用或消费产品的消费者或消费群体，是品牌包装设计的直接接触对象，通过与品牌包装的互动和接触获取特定的体验。消费者的体验对于品牌非常重要，直接影响到对品牌的认知和印象。如果体验者对某品牌产品的满意度高，消费者对某品牌的忠诚度会上升，下次购买同类产品时，会优先考虑此品牌，甚至成为某品牌的口碑传播者。

在品牌包装设计中，需要关注体验者的消费体验，满足消费者的需求和期望。提供愉悦的使用体验，以增强消费者对品牌的好感度和忠诚度，获得竞争优势。

（四）传播者

对某品牌产品满意的消费者通常更倾向于重复购买同一品牌产品，并且乐于将产品或品牌信息推荐给其他消费者或消费群体。这些消费者就成为传播者。

对某品牌产品不满意的消费者也可能成为传播者。

传播的方式有口碑传播、评价评论、社交媒体分享等。消费者通过分享自己的产品使用体验和评价，将品牌信息传播给更广泛的受众。消费者的传播力量在高度发展的信息化和自媒体时代变得更加显著，作为传播者可能会影响其他消费者的购买决策和行为，从而对品牌形象和市场推广产生重要影响。

在品牌包装设计中，设计师要思考如何激发传播者的兴趣，设计引人注目和易于分享的包装产品，促进品牌良性口碑的传播。

总之，受众、购买者、体验者和传播者的需求、期望、体验和行为都将直接影响到品牌包装设计、品牌传播的效果。因此，在设计过程中需要充分考虑这几种角色的特点和需求，以实现品牌包装设计的最佳效果。

四、品牌名、品类名、产品名

在商业营销中，品牌名、品类名和产品名是三种不同的名称，在品牌包装设计中共同解决消费者的认知问题。

（一）品牌名

消费者去超市、卖场购买一瓶饮用水，通过品牌名可以知道是"娃哈哈"还是"农夫山泉"，或者其他品牌的饮用水。品牌名告诉消费者"我是谁"的问题。

品牌的命名原则是独特顺口、简单易记、寓意美好。

（二）品类名

消费者去超市、卖场购买脐橙，通过品类名可以知道是赣南脐橙还是信丰脐橙或者其他类别的脐橙。品类名告诉消费者"是什么"的问题。

品类的命名原则是直观、简洁、易懂。

（三）产品名

消费者去超市、卖场购买山核桃，通过产品名可以知道是椒盐味山核桃还是炭烧味山核桃或者其他类别的山核桃。产品名告诉消费者"我和别的同类产品相比有什么不一样的地方"。"有什么不一样"主要强调产品的特点，解决差异化的问题。

产品的命名原则是简单直白。为了迎合特定消费人群的喜好，可以起一些新、奇、特的产品名称，但是必须附带产品属性名称。

五、通用包装设计、产品包装设计、品牌包装设计

在包装设计的多个环节中，包括材料甄选、结构构思、设计要素表达以及印刷成型等，通用包装、产品包装和品牌包装遵循的设计流程具有共通性（图1-1、表1-1）。然而，它们在设计目的、设计特色、使用范围及市场定位等方面，却呈现出微妙的差异与独特性。这些差异不仅彰显了各类包装设计的独特魅力，而且为市场提供了多元化的选择空间。

通用包装	产品包装	品牌包装
可以适用多种产品，如糖果、瓜子等	只适用于山核桃包装，但是适用多家山核桃企业	只适用于林佳品牌山核桃包装

图1-1　通用包装、产品包装和品牌包装的示意图

表1-1　通用包装设计、产品包装设计和品牌包装设计的差别

类目	通用包装设计	产品包装设计	品牌包装设计
设计目的	1.能广泛适用于多个品牌或产品的标准化包装 2.注重功能性、保护性和成本效益	1.针对具体产品开发和设计的包装外观 2.保护产品、促进销售和提供使用便利性 3.引起消费者的兴趣，满足他们的需求，并促使其购买产品	1.为特定品牌开发和设计的包装外观 2.传达品牌的个性、价值和识别度 3.建立品牌与消费者之间的情感连接 4.增强品牌的认知度和差异化优势

类目	通用包装设计	产品包装设计	品牌包装设计
设计特色	1.注重实用性和功能性 2.追求简洁、经济和高效的设计 3.采用标准化的尺寸、材料和结构 4.适应多种产品的包装需求	1.突出产品的独特卖点和价值 2.关注产品本身的特点、功能和用途，以及与目标受众的匹配度	1.强调品牌标识、标志和元素的融入 2.帮助消费者识别和联系到特定品牌 3.具有独特的设计风格和特征 4.塑造品牌形象
使用范围	1.广泛应用于多个品牌或产品的标准化包装 2.注重通用性和灵活性	1.专注于单个产品的包装设计 2.根据产品的特点和市场需求进行设计	1.适用于特定品牌的所有产品系列 2.保持品牌形象的一致性和连贯性 3.强调品牌的个性化和定制化 4.增强品牌的认知度和差异化优势
市场定位	1.适应不同品牌和产品的通用需求 2.提供经济有效的包装解决方案	1.关注产品的目标市场定位和竞争环境 2.根据产品适用的特定人群来设计包装，以吸引目标消费群体	1.考虑品牌的整体定位、目标市场和品牌价值观 2.打造与品牌形象相符的包装设计 3.与特定品牌的市场策略和目标受众紧密相关

需要注意的是，在品牌包装的设计过程中，必须深入考量目标消费人群的需求，并结合市场定位进行综合权衡。有时，为了凸显品牌的独特魅力，设计需着重强调品牌特色；而在其他情况下，为了凸显产品的优越性，设计应聚焦于产品特色的展现。这种灵活多变的设计策略，旨在有效促进销售并优化消费者体验，从而满足市场的多元化需求。

六、包装的分类

根据不同的范畴和维度，包装的分类呈现出多样化的特点，这种多样性反映了包装在功能、形态、材料等方面的广泛性和复杂性（表1-2）。

表1-2　包装的分类

分类方法	包装种类
包装的功能	贮藏包装、运输包装、销售包装、运销两用包装等
包装制品材料	纸制品包装、塑料制品包装、金属制品包装、玻璃制品包装、竹木制品包装、复合材料制品包装等
商品价值	高档包装、中档包装、低档包装等
包装容器的刚柔特性	软包装、硬包装、半硬包装等
包装容器造型结构	便携式包装、易开式包装、贴体包装，泡罩包装、热收缩包装、托盘包装、组合包装等
包装件所处的空间地位	内包装、中包装、外包装等
适应的社会群体	民用包装、军用包装、公用包装等
产品销售范围、市场	内销产品包装、出口产品包装、特殊产品包装等
包装内装物品性质	食品包装、饮料包装、化妆品包装、药品包装、文化用品包装、鲜活农产品包装、化工产品包装、家电产品包装等
包装内装物的物理形态	液体包装、固体包装（粉状、颗粒状、块状）、气体包装和混合物包装等
包装技术方法	防震包装、防湿包装、防霉包装等
包装内物品的安全程度	一般物品包装、易损物品包装、危险物品包装等

七、品牌包装设计组成要素

品牌包装是品牌文化、产品特性以及消费心理的综合反映，是市场、外观、心理、形式等要素的综合体现。

（一）市场要素

品牌包装本质上是一种销售包装，市场要素是进行品牌包装设计时首先要考虑的要素。图1-2所示为达美乐（Domino's）品牌的披萨新旧包装比较。通用型的旧包装上信息较多，品牌标志不突出。达美乐公司希望能"为披萨盒提供一种全新的设计，以提高消费者的参与度，并在披萨盒一上市就能产生即时的、可识别的、可共享的影响"。JKR设计公司通过对达美乐品牌的市场调研分析发现，达美乐在市场销售时多采用买一送一和套餐的优惠，所以在英国销售的所有披萨中，96% 是成对出售的。JKR 设计公司从品牌自身出发寻找设计点，大胆复制达美乐的商标（Logo）图案，推出"红＋蓝"双盒配对（CP）的新包装，使该品牌的红色和蓝色达美乐 Logo 成为设计的中心，突出了品牌的市场营销策略。

（a）达美乐新旧包装比较图　　　　　　　　（b）达美乐标志

图1-2　达美乐包装设计 | 图片来源：JKR 设计公司

（1）目标受众。不同群体的消费者所需要的情感价值和社交需求均不一样，品牌包装设计要深入了解品牌产品的目标受众，包括他们的年龄、性别、生活方式、偏好、习惯、价值观以及文化背景和所处的地域文化，以便更好地制定品牌包装设计策略。

（2）产品卖点。进行包装设计时要强调产品的优势，突出品牌产品的卖点及差异化特征。具有独特的卖点和创新性的品牌包装可以帮助产品在市场上脱颖而出，提升产品的形象和竞争力。

（3）品牌调性。品牌包装可以延续品牌原有的调性，也可以根据消费者对品牌调性的认知，从品牌特征或产品品类出发重新规划和设计品牌包装。

（4）销售渠道。销售渠道有线下和线上两种渠道。线下渠道有超市、卖场、专卖店、专卖柜等；线上渠道有电商平台、直播带货平台、微商平台等。不同的销售渠道会产生不同的购买行为和购买场景，甚至影响产品的规格和售价，所以需要根据销售渠道来制订不同的设计方案。

（5）竞品状况。要考虑产品所处的竞争环境，搜集不同阶段的竞品状况，了解竞争对手的包装设计风格和策略，做到知己知彼，百战不殆。

（6）法律法规。要考虑品牌产品包装需要遵循的法律法规和标准。比如不要违反《中华人民共和国广告法》的规定，执行食品包装的卫生标准、药品包装的安全标准等。

（二）外观要素

包装不仅是二维平面的设计，而且是三维立体的设计，设计包装主要从结构、材料和平面设计这三点外观要素入手（图1-3）。

图1-3　包装设计要件示意图｜图片来源：蒋猛东　正见品牌顾问

（1）包装结构。指产品包装的外形结构，常见的包装结构主要有盒式、袋装、罐形、瓶形、包裹式、折叠式、窗户式、堆叠式包装等。此外，还可以根据产品的特色和消费者需求进行设计的定制，比如交互式、创新型结构等。

对于不同类型的产品，可以选择或创作不同的包装结构，以期达到最佳的保护、运输和销售展示的效果。

（2）包装材料。指用于包装印刷、制造包装结构等满足产品包装要求所使用的材料。它的种类繁多，常见的包装材料有纸板、金属、塑料、玻璃、竹木、天然纤维、化学纤维、复合材料等。

未来循环经济将成为包装行业发展的主要模式，各种绿色环保材料如生物降解塑料、可回收纸张将获得大力开发和发展，以减少对环境的影响。

包装材料的选择取决于产品的特性、重量和市场需求等因素。

（3）平面设计。包装设计和平面设计不是一个概念，但是包装设计中的视觉传达设计部分，如各个展示面、外观造型等呈现的信息，需要通过平面设计中的文字、色彩和图形等设计语言来彰显商品本身的特性，吸引消费者的关注，实现销售者和消费者之间的共鸣。

（三）心理要素

在包装设计中可以通过品牌文化、产品特性、色彩情感、触感体验等要素吸引消费者的注意并激发购买欲望。

（1）品牌文化。消费者对品牌的认知和情感联系是包装设计中重要的心理要素。通过包装设计要素传达品牌的核心价值观、历史传承、品牌故事，展现品牌包装的独特性、个性化，帮助消费者建立品牌认知和情感联系，培养消费者的品牌忠诚度，增强品牌的影响力和竞争力。

（2）产品特性。包装设计时要突出产品本身的特点、功能和用途，让消费者对产品有直观的认知；通过包装设计传达产品的高品质、安全认证和原产地等信息，增强消费者的信任感；通过包装的结构、开启方式等设计提高产品的使用便利度；如果包装产品具有环保、可持续发展的特性，可通过图形、色彩、环保标识、材料的选择等方式吸引关注可持续发展的消费者。

（3）色彩情感。色彩可以直接影响受众的情绪、情感和购买行为，在包装设计时正确运用色彩心理学，根据产品的特点和目标受众选择合适的色彩应用于包装设计，可以更好地传达品牌形象、产品特性，提高产品的竞争力和销售量。

（4）触感体验。触觉上的感受和体验可以通过包装材料的选择、材料的肌理感和结构设计等方面实现，这种触感上的愉悦可以提升用户体验，影响受众的购买决策，提高产品的品质和消费者的满意度。

（四）形式要素

在品牌包装设计中需要遵循美的形式规律和原则，确保设计作品具有视觉上的美感和吸引力。形式要素美的规律有很多，这里选取和品牌包装设计联系较紧密的几种规律略作介绍。

（1）黄金分割。这是一种数学比例，其在艺术和设计领域的应用历史悠久且广泛。这一比例大约呈现为 $1:1.618$（或近似地表达为 $0.618:1$），在视觉美学上拥有独特的和谐与平衡感。在品牌包装设计的实践中，若能巧妙地将黄金分割比例运用于包装结构、造型以及平面设计元素的布局中，便有望创造出既富有美感又和谐统一的设计佳作。这种设计方法不仅符合人类的视觉审美习惯，更能通过数学比例的精准运用，提升包装设计的整体美感和观感。

（2）均齐平衡。在包装设计中，"均齐"与"平衡"是两种至关重要的结构形式，它们对于实现设计的重心稳定和视觉美感起着决定性作用。其中，"均齐"又称为对称，它要求设计元素在中心轴两侧呈现对称分布，从而赋予包装一种秩序感和庄重典雅的视觉效果，有效提升产品的品质感。"平衡"是一种同量不同质的视觉平衡形式，它通过设计元素的不对称布局，创造出独特的视觉冲击力和个性美感。这两种结构形式在包装设计中相互补充，共同营造出和谐、稳定的视觉体验。

（3）变化统一。这一形式美的基本规律强调包装设计中变化与统一之间的平衡。具体而言，包装设计中的图形、字体、色彩和版式等设计要素，既要展现出变化和多样性，以创造丰富而引人入胜的视觉效果；同时，这些要素又必须保持整体的一致性和统一性，以确保设计的和谐与协调。这种变化统一原则的运用，不仅有助于提升品牌包装的活力和吸引力，更能使设计在细节与整体之间达到完美的和谐统一。

第二节　品牌包装设计的源起与发展趋势

《说文解字》对"包"字的诠释为"象人裹妊，巳在中，象子未成形也"，暗喻胎儿在母体子宫内的状态，从字面意义上讲，蕴含了包裹、贮藏的深层含义；而"装"字，则蕴含了装饰、装潢、点缀的美学追求。由此可见，包装在原始意义上的核心功能便是保护产品并赋予其美感。然而，随着社会经济的蓬勃发展，以及工艺技术的持续革新，包装设计的角色与定位经历了深刻的变革与创新。它从最初单一的保护功能，逐步演变为品牌的形象大使，进而承担起对环境的保护责任。在这一转变过程中，包装设计为品牌产品的市场推广和消费者体验提供了坚实而有力的支撑。

一、自然包装的启迪

大自然中有众多优秀的天然包装案例。这些自然界中生物体表面的结构和形态具有一定的保护功能和传递信息的作用。通过观察和学习，可以为品牌的产品开发出有效、有趣和可持续的包装设计。比如臭氧层就是地球生物圈最好的外包装；禽鸟类的蛋使用了椭圆的外形、硬性外壳、软膜内包装、蛋白、蛋黄等多重包装来保护受精卵（图1-4）；花生、核桃、豌豆、贝壳等物体拥有巧妙的里外结构，是形式极佳的聚散包装；柑橘类果实堪称大自然造化的包装杰作（图1-5）。这些完美的结

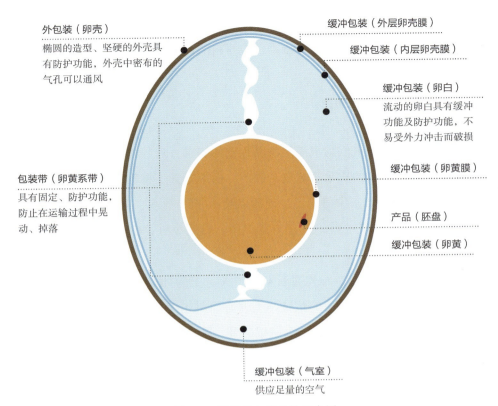

外包装（卵壳）
椭圆的造型、坚硬的外壳具有防护功能，外壳中密布的气孔可以通风

缓冲包装（外层卵壳膜）

缓冲包装（内层卵壳膜）

缓冲包装（卵白）
流动的卵白具有缓冲功能及防护功能，不易受外力冲击而破损

缓冲包装（卵黄膜）

包装带（卵黄系带）
具有固定、防护功能，防止在运输过程中晃动、掉落

产品（胚盘）

缓冲包装（卵黄）

缓冲包装（气室）
供应足量的空气

图1-4　蛋类的包装属性示意图

外包装
具有防止雨淋及保持水分的功能；鲜艳的颜色和特殊的表皮结构，具有识别与自我推销的作用

缓冲包装（内层结构是由白色纤维组成的海绵状）
保护易损的果汁囊袋，同时还能起到隔热的作用

个体包装、聚散包装（橘瓣结构，橘络）
橘子内部的橘瓣结构起到个体包装的作用，缠绕在单个橘瓣外层的橘络起到固定、减震的作用。橘子的种子被包在内部各个橘瓣里，由果肉围绕着，起到保护作用

图1-5　柑橘的包装属性示意图

构与功能的融合可以启发设计师在包装设计中追求更高效和多样化的功能。此外，还可以选择竹、木等可持续材料，推动包装材料的可重复利用和循环利用。

二、原始包装的萌芽

在原始社会时期，人们为了满足物品存储的需求，巧妙地利用了大自然中的现有物体。他们使用动物的皮毛、树皮、葫芦、白茅等天然材料作为包装，这一点在《诗经·召南·野有死麕》中得到了生动的描绘："野有死麕，白茅包之。有女怀春，吉士诱之。"这种传统在一些地方还有所保留，直到今日，依然有用粽叶包裹糯米做粽子的传统。

随着生产实践的深入，人类逐渐发现了火与土的神奇之处，烧制了最古老的人造包装器皿——陶器。原始的包装绝大多数取材于大自然，如用黏土烧制的瓮、罐、瓶等，以及用竹、草、藤、枝等编织的笼、筐、篮等容器。这些包装不仅实现了基本的储存、运输等功能，而且在很多情况下还体现了物尽其用、实用与美观相统一的原则。例如，竹筒盛酒、荷叶包鸡等做法，既展现了先民们的聪明才智，也体现了他们对生活的热爱和追求。

三、传统包装的形成

社会分工、生产力的提高导致原始物品交换产生，促进了传统商业包装的形成。公元前3000年，古埃及人就会使用玻璃包装物品。在纸包装发明之前，先民们主要使用织物、陶瓷、木器、青铜器、漆器、玻璃等包装容器。范文澜先生认为唐朝的商品已经普遍使用纸包装。至宋朝，工商业的发达远超前朝，商品的包装技术采用了铜版印刷术。15世纪欧洲出现活版印刷，16世纪欧洲陶瓷工业发展，之后玻璃、金属等包装材料在近代包装工业中大量运用，产品的包装成为商品销售中不可或缺的环节。在销售的过程中，包装必然要注重美观性。比如吴自牧《梦粱录》中有"内前权子里卖五色法豆，使五色纸袋儿盛之"的记载，甚至出现了"木兰之柜，熏以桂椒，缀以珠玉，饰以玫瑰，辑以羽翠"之类的华美包装。

这个时期的包装采用了透明、遮光、透气、密封和防潮、防腐、防虫、防震等技术，以及便于封启、携带、搬运的方法，实现了包装储存、运输、销售等功能。

四、近现代包装的兴起

16世纪末到19世纪，机械化生产促进商品流通，西欧和北美国家的社会生产力和商品经济都得到较快的发展，大量产品的生产推动商业迅速发展。海、陆路交通发展已经能够适应商品大规模的运输。此时要求商品必须经过适宜的包装才能适应流通的需要。这个阶段出现了马粪纸、瓦楞纸、塑料、金属等包装材料，各种容器的密封技术更为完善。石版套印技术的问世使包装呈现出多姿多彩的形态。

19世纪末至20世纪初，欧美的工艺运动推动了包装设计的艺术化，强调手工制作和精美的细节、崇尚个性化的设计风格。

20世纪之后，商品经济全球化，现代科学技术高速发展，包装的发展也进入了现代时期。新的包装材料、容器和技术不断涌现，包装设计进一步科学化、人性化和系列化。包装的内涵不仅仅是传统包装的保护内容物的功效，还演化为品牌营销策划中的一部分，成为品牌塑造和市场竞争的重要手段。在市场营销学界，市场营销4P［产品（Product）、价格（Price）、渠道（Place）、促销（Promotion）］被拓展为包含包装（Package）的市场营销5P，认为包装的成功能促进产品实现更大的成功。当前电子商务的兴起带来新的挑战和机遇，对包装的功能和外观提出了更高的要求。

五、未来包装的展望

包装一直随着社会的发展而逐步变革，从最初的存储功能，转变为存储和运输功能，之后慢慢加入了销售的功能，为了更好地和消费者产生共鸣和互动，演化出互动、人性化、个性化、绿色等包装形式。

（一）互动包装设计

互动包装设计是通过巧妙的设计让包装与消费者产生互动的一种创意包装方法，能吸引消费者，增强品牌认知和产品体验（图1-6）。

很多方法可以产生互动性，比如使用独特的色彩、图形，吸引潜在消费者的关注；利用抽取盲盒的形式，吸引目标消费人群；包装内部收藏小礼物、彩蛋；通过智能手机或其他设备使用增强现实（AR）和虚拟现实（VR）技术与包装互动，获取额外信息（图1-7）；
包装的印刷材料使用对
温度和湿度敏感的颜色，
在特定环境下改变包装
的外观（图1-8）；在包
装内嵌入声音装置，触
发时可发出声音或音效；
包装盒上的图形可以拆
解重装为摆件等。

系列展示

动态效果

图1-6　启初—感观启蒙系列｜图片来源：上海家化

加入**增强现实技术**　使用智能手机扫描苏打水饮品瓶身上的相关
图片可以得到更详细的节气或鸟类的介绍

图1-7　苏打水外观再设计｜顾雯婷/指导：黄慧君

（a）常温下的包装

（b）冷却且适宜饮用时的包装

图1-8　温变油墨可口可乐铝罐包装｜图片来源：PTS未来包装公众号

常温下这些图像是无色的，而在饮料冷却且适宜饮用时，它们会变成丰富多彩的图案。

互动的包装设计虽然有助于品牌塑造、产品销售，但是要确保互动的体验和品牌产品的价值观一致。

（二）人性化包装设计

人性化包装设计是一种考虑消费者感受、习惯和价值观，满足消费者需求、情感和体验的包装形式。通过产品包装设计与消费者建立深层链接（图1-9）。

图1-9　Occo调味包包装｜图片来源：Funeral工作室

针对香料这类高价值且易过期的产品，传统的大容量包装往往导致消费者在使用过程中难以精准控制用量，从而造成浪费。Occo品牌创新性地采用单独密封铝罐包装，每次烹饪时仅需打开一罐，即可确保香料的单次调理用量得到精准控制。这种包装设计不仅有效避免了因用量不当而造成的浪费，同时也最大限度地保持了调味料的新鲜度，为消费者带来了更加便捷、高效且环保的使用体验。

人性化的包装设计是基于目标市场的需求而开发的，首先要考虑谁是产品的主要受众。了解受众的年龄、性别、兴趣爱好、文化背景等因素，在设计中创造品牌体验，通过色彩、文字和图形触发消费者喜悦、信任或怀旧等情感；人性化的设计还应该是易于使用和操作的，包装上有关产品成分、用途、生产日期、使用方法等信息清晰明了，能帮助消费者做出明智的购买决策；如果产品的受众人群是老人、儿童或残障人士等特殊需求群体，包装应该考虑适老化、易读性、可触摸、易握持等人性化设计。如图1-10所示，西班牙Supper工作室为视障人群设计的冷萃咖啡外包装，包装整体采用极简设计，只有一句意为"this cold brew coffee is only for you enjoy it"的盲文附着其上。

图1-10　Only for your eyes（Cold Brew Coffee）包装｜图片来源：Supper工作室

人性化的包装设计通过引发消费者的情感共鸣，给品牌产品的消费者带来愉悦和满足，这种设计可产生深入人心的体验。

（三）个性化包装设计

个性化包装设计是一种高度针对性的设计策略，其核心在于根据特定目标受众的独特需求、偏好和特征，为品牌量身定制独特且创新的包装形式。这一过程不仅需要深入洞察目标市场的细微差异和深层需求，更需要在设计实践中精准把握目标受众的鲜明特点和独特喜好。通过这种精心打造的个性化设计，产品包装能够与消费者产生深刻的情感共鸣，进而在激烈的市场竞争中占据有利地位（图1-11）。

同时，个性化包装设计并非孤立存在，而是与品牌的核心理念和价值观紧密相连。在设计创作过程中，须确保包装设计与品牌个性的一致性，从而在传递品牌价值的同时，增强消费者对品牌的信任和忠诚。为满足日益多样化的市场需求，提供定制化的包装选项已成为个性化包装设计的重要组成部分，这既是对消费者个性化需求的尊重，也是品牌专属关怀的体现。

图1-11　笨耕大米包装｜图片来源：黑龙江广维创意设计

在视觉呈现上，个性化包装设计鼓励打破常规，勇于创新。可以通过独特的创意和精湛的工艺，打造出与竞品截然不同的视觉形象，使产品在繁杂的市场环境中脱颖而出。这种独树一帜的视觉冲击力，不仅有助于提升品牌的认知度和记忆度，更能为品牌带来持续的销售增长和市场份额提升（图1-12）。

总之，个性化包装设计是一种以满足消费者个性化需求为核心，以提升品牌竞争力和市场占有率为目标的设计策略。它通过精准的市场定位、独特的设

图1-12　回甘苦瓜汁包装｜毛笛照、于康、王卓林、陈龙凯、李亦萌/指导：莫快

计创意和定制化的服务体验，共同构建了一种全方位、立体化的品牌传播体系。

（四）绿色包装设计

绿色包装设计，亦被称为"无公害包装"或"环境友好包装"，是一种积极响应环保和可持续发展号召的设计理念。其核心在于确保整个包装生产过程无污染、可重复使用及再生，从而与可持续发展目标相契合。这种设计方法不仅致力于减少包装对环境的负面影响，更在多个层面体现了对环保的深刻考量。

在材料选择方面，绿色包装设计力求避免过度包装，通过减少包装层数和使用最少量的必要材料来实现包装功能。同时，它强调减少塑料，尤其是一次性塑料包装的使用，转而选择纸板、金属、玻璃等可回收材料。此外，可生物降解和可分解材料也因其能够自然分解或在特定条件下分解为无害物质的特性而受到青睐。

除了材料选择，绿色包装设计还注重资源的高效利用。使用可再生材料不仅减少了资源浪费，还为旧材料的再利用提供了新的可能。同时，多功能包装设计也是其一大亮点，这种设计使包装在完成其原始功能后，仍能作为其他用途的容器被继续使用。

在简化包装设计和轻量化设计方面，绿色包装设计致力于减少对能源的消耗。通过使用可持续的印刷技术和墨水，进一步减少了其对环境的影响。此外，包装上清晰的环保标识和正确的处置信息，不仅鼓励了消费者进行循环利用和回收，还帮助他们在购买时作出更加明智和环保的选择。

可持续发展的理念已经深入人心。在这一理念的指引下，包装设计领域中的"包装即产品"的设计观念应运而生，旨在通过优化包装设计，实现空间的节省和包装材料的减少，从而有效避免资源浪费，推动可持续发展目标的实现。如图1-13所示，是由深圳市都市之森创意生活用品有限公司设计的口袋充气颈枕。这款设计有着卓越的可持续性和生态意识，它的树状的外包装由硅胶材料制成，可同时作为储物袋或充气泵，既有创新性，又有功能性。这种设计巧妙地改变了充气颈枕的使用方式，让包装成为产品的一部分，消费者必然不会丢弃此包装。

绿色包装设计有时并不需要颠覆性变革，而是在原有设计基础上进行微妙而精妙的创新。以可口可乐为例，该公司近期推出的一款新型瓶盖设计，便是这种微型创新的典范。这款设计通过鼓励消费者保留瓶盖与瓶身一起回收，提出了"瓶盖连身，一起回收"（Keep cap attached & recycle together）的全新口号。这一创新举措

图1-13 口袋充气颈枕 | 图片来源：深圳市都市之森
创意生活用品有限公司

从源头上解决了塑料瓶盖易于丢失或被随意丢弃的问题，显著提高了包装材料的回收利用率，从而向消费者和整个社会传递出绿色环保的积极信号。同时这种新颖的包装更容易吸引消费者，提高商品销量（图1-14）。

新材料、新技术的不断涌现，以及生产方式和关注点的持续变革，都对包装领域产生了深远的影响。展望未来，包装的发展将受到可持续发展、技术创新、智能化、可视化、全球化、消费者需求转变和供应链演进等多重因素的共同驱动。在这些力量的推动下，包装行业将不断突破创新，开发出更为适应社会发展需求的新材料和新包装形式。我们有理由相信，未来的包装行业将展现出更为广阔的前景和更为丰富的可能性，为人类的生活带来更多便利和美好（图1-15）。

图1-14　可口可乐创新连体瓶盖 | 图片来源：
FBIF食品饮料创新公众号

图1-15　巴黎之花美好年代"茧" | 图片来源：
詹姆斯·克罗珀奢华包装

第三节　品牌包装的设计要素

一、品牌包装的功能

品牌包装从生产领域到消费领域需要经过贮藏、运输、销售和使用等多个环节，为适应不同环节的不同需求，包装需要具备不同的功能。

（一）保护功能

包装可以保护产品免受人为损害、污染、湿气和其他环境因素的影响，防止挥发、渗漏、挤压、散失等损失，确保产品的质量和完整性。

（二）运输功能

包装要给装卸、盘点、码垛、计量、转运等运输流通环节带来安全性和便利性。

（三）销售功能

包装在销售中发挥着至关重要的作用。

品牌包装可以帮助消费者识别和辨认品牌产品，有利于使品牌产品与竞争对手相区分，增强品牌识别度；传递品牌的核心价值观，建立可靠的信任关系，吸引消费者的注意，传达品牌产品的价值、特点，能影响产品销售的成功，在市场上建立成功的品牌和产品形象。高质量的包装设计可增强产品的感知价值，和消费者建立情感连接，增加产品的销售吸引力，提高产品的附加值。

（四）使用功能

包装设计应该考虑良好的用户体验。拥有舒适的提携功能、便捷的开封机制和适当容量的包装设计可以使产品易于携带、打开、使用和存储，提高消费者的满意度。

二、品牌包装设计的原则

品牌包装要体现品牌理念、产品特性、消费者心理。在设计中需要遵循以下原则。

（一）合法合规

包装设计必须符合相关的国家法律法规和标准，比如卫生标准、安全规定以及包装标签需要遵循的设计规定，确保商品合法合规，避免违法行为和减少风险。

（二）调性统一

在品牌包装设计中，品牌调性的一致性有助于建立品牌形象，通过包装设计有效地传递品牌理念、核心价值和故事，增强品牌辨识度，建立消费者对品牌的信任感和忠诚度。

（三）独特创新

包装设计应该突出品牌产品的独特性，强调竞争优势。设计时可以选择环保和可持续、可降解的包装材料，以减少对环境的负面影响；也可尝试新的设计元素、造型结构，比如，特殊的开启方式、互动性来突出品牌的独特性和竞争优势。

（四）适用经济

包装最初目的是保护、安置、仓储产品，其产品包装的外观、特性、材质等因素要围绕产品包装的适用性展开设计；同时要考虑经济设计的原则，确保在满足产品保护和吸引消费者需求的同时，降低制造成本，减少资源浪费，节约能源，减少材料的消耗。

三、品牌包装设计定位

品牌包装设计定位是在前期调研的基础上，正确地把握消费者对产品的内在质量与包装视觉外观的需求，设计合适的产品包装元素，传达品牌产品的品质、特色，使品牌产品在目标市场中与竞争对手相区分，能有效吸引消费者的注意力，并在消费者心中树立独特的品牌产品形象，建立情感联系，从而激发购买意愿。

简单一点说，品牌包装设计定位就是要弄明白三个问题："我是谁""卖什么""卖给谁"。

定位是品牌包装设计最核心、最本质的因素。从不同的角度切入，可以形成不同的品牌包装设计定位方式。如根据包装产品价值的档次定位；针对重大节日、庆典等重要活动的纪念性定位等。从品牌、产品和消费者入手是常见的品牌包装设计定位方式。

（一）品牌定位

这种定位法适用于品牌知名度较高的产品包装。利用品牌文化、理念、故事等精神效应来赋予消费者一种想象；是利用消费者对品牌的忠诚度来促进消费行为的一种策略。在包装设计中应突出品牌的核心设计，如标准标志、标准色、标准字体等；或者突出由品牌的核心设计延展而出的辅助图形、IP角色形象等，以强化品牌优势，实现品牌产品的个性化表达。

（二）产品定位

这种定位法适用于自身拥有独特性的产品。设计时采用直观再现产品的开窗、透明容器、摄影、插画等手法，以直接突出产品的形象，或者直接强调产品有别于同类产品的功能用途、特色性能、产地、档次等产品自身的卖点，吸引消费者的注意力。

（三）消费者定位

这种定位法适用于针对特定目标消费人群的产品。设计时突出目标消费人群的特征，或者强调产品针对特定目标消费人群所设计的功能特性。从消费心理出发，使消费者通过包装对产品产生亲切感，促成消费行为。

当前包装朝着更人性化的方向发展，包装已经不仅只有原始的贮藏、保护等功能，出现了个性化、可互动、可持续发展等包装形式。在设计中，通过利用可再生资源、设计多功能包装，实现减少资源浪费和环境污染；通过完善与延展包装的功能，寻找趣味点，实现与目标消费人群的互动，给消费者带来更多的愉悦体验。

在具体的品牌包装设计时，以上的定位方式常常会混合使用，具体表现时需要将品牌文化蕴含在包装之中，突出重点，准确地体现产品的价值、内涵，以最优的定位方式吸引消费者购买其产品。

四、品牌包装设计的形式

为了扩大销售，品牌包装常以成套、配套等包装的形式呈现。

（一）成套包装

将相关产品巧妙整合成套装，既便于储存运输，又能创新销售策略。成套包装凸显商品间的关联与互补，如完善食品口味、精致文具套装、完备化妆品组合或寓教于乐的玩具系列。消费者可一次性获取多件相互关联的商品，满足全面多元需求。此策略能提升消费者的购物体验，有效推动附加销售，提高客单价，为品牌赢得更多曝光与口碑（图1-16）。

图1-16　海宴天燕窝包装｜图片来源：尚智包装设计

（二）配套包装

配套包装的形式是从目标消费群体的消费习惯出发，将数种有关联的产品打包到一起成套供应，诱发消费者的购买欲望，扩大商品销售。包装内的物品可以是同品种不同规格的商品配套；也可以将不同品种但是用途有密切联系的商品配套；还可以将不同品种，用途也无关的商品配套。比如，蜂蜜包装内配一把勺子；茶叶包装内配套茶杯（图1-17）。

（三）系列包装

系列包装强调品牌的一致性，通过在不同产品上使用相同或类似的图形、色彩和文字等设计要素，适应具有同一性心理消费者的需求，帮助消费者识别并记住品牌。系列包装有助于品牌传递其产品线的定位和特点，提高品牌知名度，促进附加销售（图1-18）。

（四）礼品包装

礼品包装是为礼物准备的特殊包装，除了保护、运输和销售等包装的基本功能，还应能传递人与人之间的情感交流信息，设计要求美观大方、有较高的艺术性。一般会使用多种方式进行装饰（图1-19）。

图1-17　顺城油厂铂金礼盒包装 | 图片来源：本质设计

图1-18　雀然洗脸巾包装 | 图片来源：腾讯CDC

图1-19　T HOUSE GIN 包装 | 图片来源：甲古文创意设计

这款酒包装独具匠心，瓶塞设计巧妙融入慈禧太后传统头饰元素，瓶身灵感则源自鸟笼，别致新颖。插画以清代花瓶为蓝本，与纸质标签上的紫禁城平面图相映成趣。背后故事更添文化韵味：贵宾以伦敦干杜松子酒为礼赠予紫禁城，太后则回赠珍鸟，礼尚往来之意尽显。整体设计典雅高贵，极具贵族气息，实为馈赠亲友之佳品。

（五）POP陈列式包装

POP是英文"point of purchase advertising"的缩写，即店头广告，是一种促销广告。POP包装常常在超市等卖场出现。

放置性陈列大多采用一版成型的展开式折叠纸盒，打开盒盖，会形成与消费者视线成90度角的包装展示面，多出现醒目的广告文案，与盒内的商品交相呼应。是一种在销售现场进行促销的方式；而一些扁平形、细长形等没有立体感的商品多采用悬挂式陈列法（图1-20）。

图1-20　CHIRP CHIRP SCISSORS 包装 ｜
图片来源：Kotobuki Seihan Printing

五、品牌包装设计的视觉传达要素

品牌包装的视觉传达要素是指通过文字、图形、色彩等视觉元素来展示品牌的产品形象和传递产品相关的信息。

（一）文字要素

品牌包装中的文字信息非常重要，用于传达品牌产品信息、品牌形象。设计时要考虑识别度、易读性和整体美感。

1. 品牌信息文字

品牌名称、口号、标语、故事背后的品牌传奇、奖项、认证、广告文案、联系方式、服务电话、网站、地址等，主要反映品牌的特性和个性，突出品牌声誉，促进商品的销售。

2. 产品名称

这是品牌包装设计视觉传达要素中最基本、最核心的信息。产品名称应简洁明了，能够清晰地传达产品的本质或特色。

3. 产品描述

主要用于对产品的功能、特性、用途、成分、使用建议等进行介绍和说明，有助于消费者更好地作出购买决策。

4. 成分和营养信息

食品和饮料包装必须包括详细的成分和营养信息；对于食品、化妆品等需要说明成分的产品，配料表是必不可少的。需清晰、详细地标明，为消费者提供重要的文字信息。

5. 使用说明

药品、化妆品、电子产品等特定产品需要使用说明或注意事项。以确保消费者正确、安全地使用产品，避免潜在风险。

6. 法律要求和警告信息

药品、食品、饮料和化妆品等产品必须标明保质期和失效日期；根据产品的性质，一些产品应该标注警告信息，例如，玩具产品的包装上应该标注小零件窒息危险等信息；化学产品要标注有毒等信息；香烟产品要标注吸烟有害健康；酒精饮料要标注饮酒的责任警告；药物要写明用法和副作用等。

7. 多语言支持

如果是出口产品包装销售至国际市场，需要多语言的标签和说明，以满足不同地区消费者的需求。

（二）图形要素

图形指通过绘画、书写、雕塑、摄影和现代数字技术产生的能够传递信息的图像符号。可以是抽象、具象图形，也可以是装饰纹样。品牌包装中的图形信息是设计中的关键元素之一，能准确地传递品牌产品信息，用于传达品牌产品特点和品牌故事，吸引消费者的注意力。不同的品牌产品包装有不同的设计侧重点，但图形要素大致可以分为以下几类。

1. 标志/徽标

在品牌包装设计中，标志是不可或缺的视觉元素，是产品质量的保证，也是品牌信誉的体现。标志/徽标图形通常有品牌标志、产品商标、企业标志、认证认可标志、其他类型的符号等。

知名品牌产品包装的主展示面常常以品牌标志为主图形，以突出品牌形象。如很多大品牌手机、化妆品的包装设计。

商标是用以识别和区分商品或者服务来源的标志。品牌或品牌的一部分在政府有关部门依法注册后，称为"商标"。中国有"注册商标"与"未注册商标"之区别。注册商标是在政府有关部门注册后受法律保护的商标，未注册商标则不受商标法律的保护。驰名商标标明企业信誉和产品质量，类似于承诺和保证（图1-21）。

杭州临安林佳绿色食品有限公司不注册"林佳"为注册商标，而是注册"临佳"为注册商标，是因为"林佳"已经被其他省份别的商品注册为商标。这是一个退而求其次的行为。

R 注册商标 临佳是品牌名	未注册商标 林佳是企业名
R 是 Register 的缩写。®用于商标上表示注册商标，属于注册商标所有人所独占，享有专用权，受法律保护	未注册商标不受法律保护。使用商标未成为注册商标的时候，可以使用"TM"（Trade-Mark）进行标记

任何企业或个人未经注册商标所有权人许可或授权，均不可自行使用注册商标，否则将承担侵权责任。注册商标具有唯一性、排他性、独占性的特点。

（a）注册商标和未注册商标

（b）林佳坚果包装展开图　　　　　　（c）林佳系列坚果包装效果图

图1-21　注册商标和未注册商标在包装上使用的示意图

品牌包装设计中，商标是必不可少的设计元素，在设计时通常被放置于包装主展示面的醒目位置，起点睛之笔的作用。

企业标志代表企业形象。有些企业的企业标志和产品商标会合二为一；有些企业由于产品种类繁多，会根据不同的类别使用不同的商标。

认证认可是国际通行的质量管理手段和贸易便利化工具，是第三方质量评价制度。我国常见的认证认可标志有，中国强制性产品认证（China Compulsory Certification，CCC）、中国保健食品认证、无公害农产品认证、绿色食品认证、中国有机产品认证、中国良好农业规范认证、中国计量认证（CMA）、中国森林认证、食品安全管理体系（ISO 22000）等（图1-22）。

中国强制性产品认证标志	中国保健食品认证标志	无公害农产品认证标志
绿色食品认证标志	中国有机产品认证标志	中国良好农业规范认证 一级认证标志
中国计量认证（CMA）标志	中国森林认证标志	食品安全管理体系（ISO 22000） 认证标志

图1-22 常见的认证认可标志

为保证物流人员安全有效地存储、运输、装卸产品，包装设计时需要使用储运标志。这种又称运输包装指示标志的符号，其是根据货物的特性在储运过程中提出的，是易碎、防辐射、怕热等特殊要求的标志（表1-3）。

表1-3 包装储运图示标志

名称	标志图形	含义	名称	标志图形	含义
易碎物品		表明搬运时应小心轻放	禁用手钩		表明搬运运输包装件时禁用手钩
向上		表明运输包装件的正确位置是竖直向上	怕晒		表明运输包装件不能直接照晒
怕辐射		表明包装物品一旦受辐射便会完全变质或损坏	怕雨		表明包装怕雨淋

名称	标志图形	含义	名称	标志图形	含义
重心点		表明一个单元货物的重心	禁止翻滚		表明不能翻滚运输的包装件
此面禁用手推车		表明搬运货物时此面禁用手推车	禁用叉车		表明不能用升降叉车搬运的包装件
由此夹起		表明装运货物时夹钳放置的位置	此处不能夹		表明装卸货物时此处不能用夹钳夹持
堆码重量极限		表明该运输包装件所承受的重量极限	堆码层数极限		表明相同包装的最大堆码数，n表示层数极限
禁止堆码		表明该包装件不能堆码，并且其上也不能放置其他负载	由此吊起		表明起吊货物时挂链条的位置
温度极限		表明运输包装件应该保持的温度极限			

注　标志的颜色应为黑色。

如果包装的颜色使得黑色标志显得不清晰，则应在印刷面上用适当的对比色，最好以白色为图示标志的底色。

除非另有规定，一般应避免采用红色、橙色或黄色。

2. 产品图形

在品牌包装设计中，产品图形可以用来传达产品的特点、用途、故事等。商品营销中的"视觉锤"常依靠生动的产品图形呈现。产品图形通常有产品物理形态、产品原材料、产品制作过程、原产地、产品的使用方法和程序、产品隐喻的象征性形象等。

产品物理形态形象指产品本身的形象。品牌包装设计时，如果使用产品的物理形象进行设计的表达，一般会使用摄影或写实插画的表现手法，把产品的外观、材质、色彩等特征真实地呈现。目的是满足消费者希望直接看到包装物的心理需求。产品物理形象可以是静态地呈现，也可以是实际使用过程中的状态。

如果产品的原材料在使用时看不清（如果汁饮料），或者原材料的质量很高，和竞品区别较大，进行包装设计时会强调产品原材料形象，有利于消费者了解产品的特色和质量。

产品制作过程可以很好地传达产品的特点、用途和品牌故事。

做农特产品、文化旅游品牌的产品包装时，常常使用原产地形象作为包装设计的主图形，以突出地域文化特色。包装图形一般会根据当地的地标景点、故事传说、风土人情、珍稀的动植物等元素进行创作，以此呈现出强烈的地方特色和鲜明的个性特征。

产品的使用方法和程序示意图一般会布置在包装盒的背面或侧面，目的是使消费者准确地使用商品，为消费者带来便利和指导。

有些产品的形式很难用直观的图形表现，或者用直观的图形表现缺乏趣味性，这时可以采用与产品内容相关的意象性图形呈现，用产品隐喻的象征性形象体现产品的形象特征和功效。比如，用冰、雪象征清凉、纯洁；用原生态的环境说明产品是无污染的。

3. 消费者形象

在品牌包装设计中，为了吸引消费者的关注，引起共鸣，可以直接使用商品的消费者或使用者作为包装的主图形。消费者形象可以是真实的人或动物，也可以是虚拟的IP角色形象，可以是正在使用商品的消费者，也可以是消费者喜闻乐见的内容。

4. 装饰图形

有些品牌产品强调感觉感受，有些品牌为了凸显产品的传统文化、传统特色和民族特色，或者只是要体现装饰美感，会选用装饰图形作为品牌包装的主图形。

装饰图形没有明确的主体，也没有明确的思想倾向，所以适合任何内容的产品包装。装饰图形的种类也比较多，有形体适合式、单独式、角隅适合式、二方连续式、四方连续式等纹样形式。装饰图形可以从彩陶、玉器、织绣印染、陶瓷、漆器、画像石、画像砖、石窟、年画、剪纸等工艺美术的类别去借鉴、传承和再设计。这些图形要素在品牌包装设计中要根据品牌产品的特点进行调整和组合，以创作独特的、引人注目的包装设计。

5. 商品条形码和二维码

条形码和二维码都是特殊的图形，需要通过电子读取设备进行识别，这就要求条形码和二维码必须符合光电扫描的光学特性，反射率的差异必须符合规定的要求，具有易读性、可读性和色彩对比度，才能达到最佳的识别效果。通常使用白色、橙色、黄色等浅色，黑色、深绿色、深棕色等深色作为条形码和二维码的颜色。最好的配色是黑白。通常，条形码和二维码放置在包装主显示面的右侧，以便于光电扫描仪读取。

（三）色彩要素

人类对于色彩的视觉反射最为敏感。Kissmetrics的调查发现，色彩能将品牌的辨识度提升80%，85%的消费者会把色彩作为购买过程中首先考虑的因素。美国流行色彩研究中心做过一项调查，发现消费者只需7秒就可以确定对某一件商品是否感兴趣，而这7秒内色彩的作用占67%，这就是"色彩营销"理论中著名的"7秒定律"。

色彩是品牌包装中非常重要的视觉元素，是吸引第一注意力的最重要的因素，起着先声夺人的作用。用于传达品牌产品信息、品牌形象和商品特性，告知消费者商品是什么；色彩也是表达情感的最佳元素，能轻易地引起消费者的情感共鸣，是品牌在消费者心智中构建辨识度的第一步。

在色彩的具体设计中，要把握共性和个性的平衡度。例如，休闲食品饼干的包装色彩通常采用黄橙色调，这是为了贴合产品本身的色彩，给人以物类同源的联想，黄橙色调就是休闲食品饼干包装的共性色彩。当某一品牌的饼干产品要想彰显个性时，就不建议使用共性的黄橙色调，可以运用色彩对比产生个性化，比如使用黑色和蓝色，如果把握好分寸，那这个品牌的饼干在琳琅满目的货架陈列上就很容易脱颖而出。

第四节　品牌包装的设计流程

品牌包装的设计流程一般分为确定选题、前期调研、设计开发、印刷落地四个阶段，每个阶段里又分若干步骤。

一、确定选题

如果是处于学习品牌包装设计阶段的学生，这一阶段的选题任务，建议同学们从各类大赛或者任课老师的科研设计项目中选取合适的品牌包装设计的项目，真题真做。当然也可以主动出击进行业务开发，寻找需要包装设计的客户。

以2023年第十一届未来设计师·全国高校数字艺术设计大赛（NCDA）"我为乡村做设计"公益赛道——寻乌县卢屋村精准助农设计的赣南脐橙包装设计为例，分析介绍品牌包装设计的选题。

确定选题的第一步是研读选题策略单。这是一个需求沟通的过程。根据客户的需求和提供的资料，仔细地研读分析，初步了解产品背景及特性，梳理信息，挖掘客户需求。

第二步针对需求进行头脑风暴，绘制思维导图。前期可以发散思维，围绕选题天马行空般地任意联想，寻找设计切入点，确定设计的大体方向。

思维导图（Thinking Maps）是1988年美国人大卫·海勒（David hyerle）开发的一种帮助学习的语言工具，包括结构（8种）、关键词、图像和颜色四个要素。运用圆圈图、气泡图、双气泡图、树形图、流程图、复流程图、括号图、桥形图八种图形来图示化人的思维，表现出一个从零开始的思考过程。

选题策略单

绘制思维导图时可以使用文字、图形，或者文字和图形的混合表达的形式。操作很简单，但是在整理设计思路时非常有效，可以帮助人们将隐性的思维显性化，也能加强思考的深度和广度。

策略单分析表

二、前期调研

结合产品有目的地搜集与产品相关的资料信息，了解选题的真实情况，再将汇总的信息进行梳理。

（一）相关文化调研

国学大师梁漱溟先生认为，所谓文化，不过是一个民族生活的种种方面。可以总括为三个方面：精神生活方面，如宗教、哲学、艺术等；社会生活方面，如社会组织、伦理习惯、政治制度、经济关系等；物质生活方面，如衣食住行、生活起居等。

进行具体的品牌包装设计时，可以有选择性地从产品所属地的地理环境、生物环境、民族风俗、文化故事、景点地标、代表人物等方面选择合适的文化要素进行调研，挖掘设计点。如果当地有濒危物种、物质文化遗产、非物质文化遗产等文化资源，应该优先调研。

（二）消费者分析

消费者分析是品牌产品营销的基础。通过深入研究消费者的行为和偏好，帮助品牌了解消费者的需求和购买动机，借此准确地把握目标市场需求，提供符合消费者期望的产品和服务，实现市场竞争的优势（表1-4）。根据目标消费人群对品牌产品的认购差异，制定准确且有针对性定位的包装设计的方向。

表1-4　消费者分析表

一级分析点	二级分析点	目的
人口统计学特征	包括年龄、性别、职业、收入水平等基本信息	通过了解不同人群的特点，品牌产品可以有针对性地推出适合消费者的产品和服务
消费行为分析	包括购买频率、购买渠道、购买决策因素等	研究消费者的购买行为，了解消费者的购买习惯和偏好，可以帮助品牌产品更好地定位目标市场
心理因素分析	包括个体价值观、情感需求、品牌认知等	探索消费者的心理需求和动机，可以帮助品牌产品设计更具吸引力的产品和营销策略
市场细分	包括地理位置、生活方式、兴趣爱好等	将整个市场划分为不同的消费者群体，以便更精确地满足消费者需求

（三）竞争对手分析

竞争对手分析是品牌对特定市场中的竞争对手进行调查和分析，了解竞争对手的优势和劣势，找出品牌自身的竞争优势，并制定相应的目标市场策略。竞争对手分析需要持续跟踪和更新（表1-5）。

表1-5　竞争对手分析表

一级分析点	二级分析点	目的
产品和服务	包括功能、质量、设计、价格等基本信息	比较品牌自身的产品与竞争对手的产品，找出差异点和优劣势

续表

一级分析点	二级分析点	目的
市场定位	包括目标市场、品牌形象和推广活动等	了解竞争对手在市场中的定位和目标客户群体，以便找到品牌产品的差异化定位
营销策略	包括广告宣传、促销活动、渠道选择等	了解竞争对手的推广方式和效果，以及竞争对手所关注的市场趋势和消费者需求
财务状况	包括销售额、利润率、市场份额等指标	了解竞争对手的财务状况，借此判断其竞争实力和市场表现
创新能力	包括产品研发投入、专利申请、技术优势等	评估竞争对手的研发能力和创新能力，有助于预测竞争对手未来可能的产品动向和市场策略

（四）竞品分析

品牌包装设计的竞品分析首先根据品牌产品的类别和市场定位，选择有代表性的若干竞品进行分析。竞品选择可以从同一品类、同一目标消费人群或产品拥有同一功能特点的角度出发；其次收集竞品的相关信息（表1-6），将本品牌产品与竞品进行对比分析，后续可以采用SWOT分析法，找出品牌产品需要达成的目标，或需要改进、优化的方面，形成本品牌产品的包装设计策略。

表1-6　竞品分析表

一级分析点	二级分析点	目的
品牌元素	包括Logo、字体、口号及版式等	分析竞品的品牌定位和目标受众，了解竞品核心价值主张、传达的情感和所追求的品牌形象
包装设计风格	包括色调、图形、字体、版式等要素	了解竞品的包装外观设计，是否具有足够的独特性和辨识度
包装材料	采用的材料种类是常规材料、绿色材料或其他材料	了解竞品使用的包装材料的特点、优缺点，从而决定自己产品的包装材料，让其更具吸引力和特色
包装功能	包装结构、造型	了解竞品包装是否方便使用、易于打开、重封，以及是否提供足够的保护和储存功能

续表

一级分析点	二级分析点	目的
售卖价格	包括价格定位、促销活动等	了解竞品的价格策略，从而制定品牌产品的价格策略
营销渠道	包括线上和线下渠道等	分析竞品的营销渠道等优劣势，优化品牌产品的营销渠道
目标受众	包括喜好、需求及购买习惯等	满足目标受众的需求，考虑竞品的目标受众和定位，进行对比分析
成本效益	包装材料、印刷技术和制造成本等	评估竞品的包装设计是否经济实惠且符合预算要求
消费者反馈	采用市场研究、社交媒体评论或者用户调查等方式	研究消费者对竞品包装设计的反馈，了解消费者对竞争对手包装设计的看法和感受

（五）SWOT分析

SWOT分析又称态势分析法。SWOT分别指代优势（Strengths）、劣势（Weaknesses）、机会（Opportunities）和威胁（Threats）。其中优势和劣势是内在要素，用来分析内部条件；机会和威胁是外在要素，用来分析外部条件。结合优势与机会，克服劣势，应对威胁，品牌包装产品可以制定具有竞争力和可持续发展的战略方案（表1-7）。

表1-7　SWOT分析表

一级分析点	二级分析点	目的
优势	包括专业知识、独特的技术或专利、良好的品牌声誉、高效的运营能力等	优势指品牌产品的内在优势和核心竞争力。识别和利用自身的优势有助于提高竞争力和市场地位
劣势	包括缺乏资源、技术落后、管理不善、品牌形象不佳等	劣势指品牌产品的内在不足和局限性。识别和改进劣势方面可以帮助品牌产品提升自身能力和竞争力
机会	包括市场趋势、技术进步、变化的法规政策等	机会指外部环境中可以利用的有利条件和商机。抓住机会有助于品牌产品拓展市场，增加收入和利润
威胁	包括竞争加剧、经济不稳定、技术变革等	威胁指外部环境中可能对品牌产品造成负面影响的因素。识别和应对威胁可以帮助品牌产品降低风险并保持竞争优势

三、设计开发

经过选题分析和前期调研，针对目标群体定位，收集目标参考，挖掘设计点，提炼产品卖点，制作情绪板，确定设计风格，制定包装策略，进行设计开发。

（一）挖掘设计点

设计点是指在进行品牌包装设计时需要关注和突出的重要信息。运用合理的设计点可以凸显品牌产品的核心价值和竞争优势，使消费者感知产品的特点、功能和质量等价值，也可以通过故事叙述法，引发消费者的情感共鸣。

同一个选题，不同的设计师可以从不同的角度挖掘出不同的设计点，展现不同的设计风格。

挖掘设计点的
案例解析

（二）提炼产品卖点

产品卖点是指品牌产品具备的独特优势和特点。能解决消费者需求，满足消费者欲望，吸引消费者购买，促进产品销售。

能提炼出品牌产品卖点的产品自身要具有优势，和其他产品相比有较大的差异性。提炼卖点时要先找到消费者对产品的期望点（产品解决了什么问题）、恐惧点（不用这个产品会造成什么后果），点明产品能赋予消费者的利益点（使用产品能带来什么好处）。

提炼产品卖点时应该站在消费者的角度，用买家的思维表达，引导消费者作出自己的判断（表1-8）。

表1-8　产品卖点提炼法

一级分析点	二级分析点	特色
自身优势	产地优势	原料产地具有得天独厚的地理优势，达到行业公认的标准
	生产研发实力	工厂规模大、研发团队能力强、生产设备先进
	成分优势	成分独创、珍贵，具有稀缺性，功效更强
	品质保证	拥有高标准的行业质量管理体系、特殊品质把关流程、严格的次优品处理程序等

一级分析点	二级分析点	特色
自身优势	技术创新优势	前沿技术、独特工艺
	服务优势	个性定制、送货速度、送货上门、售后保障等
	价格优势	高性价比、成本优势
产品设计	创新品类	开创新品类，占据消费者第一心智
	从竞品卖点找	概念、功能卖点差异化
	产品概念	发现问题，并找到最优的解决方案
	使用场景	多元化、独特性等
	使用人群	针对某一人群的细分市场，需求存在空缺
	效率	效果佳、时间短
	附加价值	味道、口感、颜色、造型、颜值高、个性化包装、便携性好、配套设备完备等
	情感价值	安全、时尚、健康、环保、悦己、自我实现等
价值加持	市场地位	领导者地位、热销数据、用户/行业口碑
	品牌故事	好的品牌故事会影响到品牌的传播，以及对产品的认知，加强情感交流
	渠道优势	规模优势（如销售网络遍布全球）、渠道差异化
	历史优势	历史传承、非遗文化、老字号产品
	稀缺性营销	限量、限时、预售
	背书体系	创始人IP，明星、关键意见领袖（Key Opinion Leader，KOL）、专家、专业机构、联名背书、相关权威报告等

需要注意的是，设计品牌包装时不是卖点越多越好，如果卖点背后的消费者痛点够痛，那么一个卖点就够了。如果不够痛，那就要多个卖点。

（三）搭建情绪板

情绪板（Mood Board）也称"灵感板"，是品牌包装设计正式进入设计开发阶段，用来记录和整理设计灵感和思路、确定和完善品牌包装风格的一种工具；是一种启发式或探索性的方法；是可视化沟通的工具；是品牌包装视觉参考和新想法的起点，能快速地传达想要表达的设计感觉。

情绪板可以是静态的拼贴画形式，也可以是包含动态素材的数字形式。

可以在情绪板中精确地标注图形影像、配色方案、文字字体、版式编排，以及细节的参考点等能表达设计者创意愿景的元素（图1-23），也可以仅仅是相对模糊的感觉和意向。

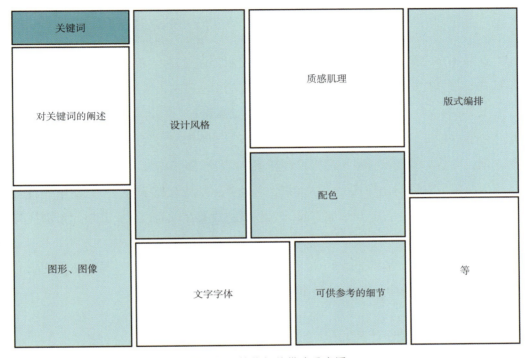

图1-23　情绪板的搭建示意图

情绪板的最终目的是厘清创作思路。所以搭建情绪板的第一步是明确思路，清楚地知道具体要设计什么。可以结合前期调研、挖掘出的设计点和产品卖点，列出品牌包装设计的价值定位、关键词。关键词有原生关键词和衍生关键词。原生关键词是需求方最开始对于其品牌产品描述的词语，比如，需求方强调其产品是全棉制品，设计方根据需求方所提供的原始诉求，运用思维导图发散思维，从感觉、意境、质感等多个角度出发，凝炼出衍生关键词，如"纯粹""柔软""棉花""原生态"等。

搭建情绪板的第二步是寻找设计风格。进行具体品牌包装设计时，可以从前期收集的不同类型设计的资料中提取当前市场中经典的或流行的视觉符号和设计风格。需要注意的是，收集不同类型的设计是指收集的资料不仅仅是包装设计，还可以是其他的艺术设计形式，如版画、年画等绘画形式，摄影、服装服饰、工业设计等。设计风格种类很多，如多巴胺、赛博朋克、弥散渐变、新丑风、蒸汽波、波普、孟菲斯、超写实、立体主义、哥特、复古、国潮等。可以同时搭建不同风格的情绪板，争取用不同维度描述同一主题。

第三步是根据所列出的关键词，添加与灵感契合的素材，如配色、风格、字体、摄影等。任何能表达设计意图的元素都可以添加，素材的选取不要局限于品牌包装设计，可以从自然环境、海报、IP形象、书籍、插画、建筑家居、服装服饰、时尚首饰、工艺美术、绘画、书法、民间美术、雕塑等方面挖掘。

最后一步就是整理情绪板。所有的灵感素材汇总之后，切忌直接堆砌，尽可能地精选出贴合自己设计意图的素材。按照拟定的想法创造出完美的构思。

最终的品牌包装设计的情绪板可以是一张情绪板，也可以按照包装形式（盒型、袋装、桶装）、标签、文字信息、产品名称、字体设计、图形图像、元素素材、版式编排、效果呈现、样机参考等设计需求，制作多张情绪板。

情绪板没有固定的格式，放在情绪板上的灵感素材合理布局、排列清晰，看起来整齐美观即可。当然，可以将关键元素放大，放置在中间位置，其他元素围绕关键元素展开。

情绪板不仅仅是在设计之初用来摸索设计风格和设计定位，品牌包装设计的不同阶段都可以有针对性地设计相应的情绪板。

（四）品牌包装设计开发

此阶段包括设定包装结构、确定设计方向、表达视觉创意、制作设计完稿、呈现包装效果五个步骤。

1. 设定包装结构

品牌包装在正式设计开发之初就需确定盒型、袋装、桶装等包装结构形式。包装结构可以选择沿用市面上常规的包装器皿造型、盒型结构；也可以设计新颖的包装结构。

一般情况下，品牌包装设计所需要用到的盒型由甲方提供。因为重新设计一个新颖的外包装，开模的成本会很大；而且打开方式不一样或包装载体不同的新颖的设计会提高受众的消费认知，消费者不一定会接受。所以考虑到包装设计成本和消费者是否接受新盒型，包装结构的设定常常选择市面上常规的盒型。

2. 确定设计方向

确定设计方向从草图绘制开始。根据制定好的风格，搭建情绪板，绘制包装内部、外部结构和各展示面的草图。在此阶段要基本明确整体设计风格、构图风格、色彩搭配、图形、文字等视觉内容。

3. 表达视觉创意

根据确定的风格，从艺术性和文化性等方面入手，对平面稿中的文字信息、图形图像和色彩等设计元素进行版式的调整，深入刻画细节。前期可以通过包装样机贴图呈现包装的立体效果图，以期完整、真实地呈现包装的整体感觉和视觉形象。

此阶段需要进行多次的设计元素调整和整体效果的优化，方能最终呈现设计方案。

4. 制作设计完稿

绘制1：1的包装印刷刀版图。确保包装的形状及其尺寸准确性。从产品的运输需求与展示效果出发，考虑实际落地的包装材料成本、落地工艺能否实现，以及印刷颜色的偏差等问题。尽量降低产品包装的总成本，提升包装档次和效果。

其注意点和注意事项如表1-9所示。

表1-9　完稿设计的注意事项示意表

注意点	注意事项
包装的规范	1. 限制过度包装的规范 2. 品牌包装设计的落地规范
印刷刀版图	无论客户是否提供印刷刀版图，都需1：1绘制
文案信息	1. 不能违背广告法的规定 2. 文案信息真实、准确且不误导消费者 3. 避免出现错别字、语句不通顺等问题 4. 不要使用未购买版权的非商用字体
颜色标注	印刷四分色模式（CMYK）或彩通（PANTONE）色号标注
图片信息	1. 主展示面的图片需要加上"图片仅供参考"等字样 2. 设计软件中的图片需要嵌入
尺寸标注	默认标注尺寸为（长×宽×高）mm
工艺标注	常用的包装印刷工艺有四色印刷、专色印刷、烫金、凹凸压印、烤漆、氧化、电镀、激光、镭雕、覆膜等
文件	1. 设计文件另存为PDF文件之前文字需要转曲或创建轮廓 2. 备份一个未转曲的文件，以便后续修改 3. 保存低版本文件发送给客户或印厂

5. 呈现包装效果

如果是品牌包装设计的课程教学，制作设计完稿后，就是最终效果图的制作呈现，包装的造型可以使用包小盒等在线3D包装设计平台，也可以使用CINEMA 4D（C4D），或者是Blender进行三维渲染。最后制作整体效果图。

四、印刷落地

此阶段包括确定材质、设计打样、批量生产、质检发货四个步骤。

确定合适的材质和使用的工艺，进行1：1的设计打样，并制作成型。这是批量生产前重要的参考对象。根据设计需求和成本预算，可以采用印刷打样或数码打样。打样的目的是确认包装的信息和风格。如果存在信息有误、色差等问题，或者效果不满意、不符合标准，就需进行设计稿的必要调整，甚至修改设计，最后检查确认无误、确保效果满意。

打样校对之后，如果没有问题就进入正式印刷阶段，建议设计师现场跟色以确保最终的效果。

为了满足消费者审美需求，很多品牌包装会使用烫金、上光、起凸等包装工艺，提升包装品质，使包装成品效果更美观。

当所有工序完成后，印刷厂根据要求进行质检发货。

第二章
品牌包装设计的规范形式探索

课程内容

本章教学内容引导学生从品牌包装实例中进行规范形式的学习。主要讲解品牌包装设计的规范、包装结构造型和材料的基本知识。通过本章的学习，同学们通过临摹实训掌握上述相关的品牌包装基础知识和技能，提高设计技巧。

思政要点

致力于培养学生的创新意识和知识产权保护意识，引导他们遵守国家法律法规，树立良好的职业操守，并确立正确的法治观念，即"尊法、守法、学法、用法"；强调节约、绿色、环保的理念。

关键术语

包装规范；包装结构造型；包装材料。

重点和难点

重点：包装实例的选择。如何选择规范、优秀的包装作品作为临摹的对象。培养学生的审美能力，学习品牌包装的设计技巧和方法，拓展设计思路，提升设计实践能力。

难点：通过观察和还原设计细节，理解原包装设计师的设计意图，以及需要遵循的包装设计规范。

作业及要求

作业：根据课程要求去超市或大卖场等场所挑选合适的包装进行临摹。

要求：仔细观察准备临摹的包装作品，了解掌握包装设计的规范、结构和材质选择。将包装拆解展开为平面图，使用矢量软件（如 Adobe Illustrator、CorelDRAW 等）进行原尺寸 1∶1 的临摹。在临摹的过程中，仔细观察每一个细节，掌握包装设计规范、提高审美观察力和细节把控能力。

第一节　品牌包装设计的营销属性

学生在探寻优良包装设计的真谛时，常常会陷入迷茫：高颜值是否等同于出色的包装设计？何种设计才值得我们去深究与学习？

诚如古人所言"文无第一，武无第二"，包装设计同样难以用统一的标准来衡量其优劣。颜值高的包装固然能在瞬间捕获消费者的目光，但这并不等同于其设计就是正确或恰当的。从商业营销的视角来审视，真正优秀的包装设计往往具备一些共性特征，这些特征正是借鉴与学习的方向。因此，在评判包装设计的好坏时，不应仅仅停留在其表面的颜值上，而应深入探究其是否具备这些共性特征，从而更全面地理解包装设计的真正内涵与价值（表2-1）。

表2-1　品牌包装设计的营销要素

要素	作用
良好的货架印象	可使产品在相似的品类中脱颖而出
信息的可读性	使消费者轻松了解产品的基本信息
颜值高的外在形象	给予消费者美好的视觉体验
明确的品牌信息	品牌的调性、风格明显，便于消费者进行品牌区隔
齐备的功能	保证产品的存储、陈列、运输，消费者使用体验度高

首先，优秀的包装设计必须具备在琳琅满目的货架上脱颖而出的能力。

产品的外包装是消费者感知产品的首要触点，好的产品包装是无声的推销员，其作用不亚于一位善于言辞的推销员。出色的产品包装自己会说话，其应当能够迅速捕捉消费者的目光，让他们一眼便能记住、理解并产生购买欲望。

在竞争激烈的货架上，品牌产品若想脱颖而出，就必须具备足够的吸引力，以引起消费者的兴趣和关注。这就要求包装设计在风格调性、图形运用、色彩搭配和文字表达等方面与竞品形成鲜明对比，从而有效地吸引目标受众，产生强烈的互动性，并最终建立深厚的情感连接。这样的包装设计，无疑是品牌与消费者之间沟通的桥梁，也是提升产品竞争力的关键所在。

莫尼（Mooney）宠物品牌的产品包装设计以品牌名称Mooney的英文字母为设计主体，同时结合输入法符号，巧妙地组合成与产品相关的动物形状，展现了设计师的独具匠心和品牌对细节的极致追求。整套设计根据不同场景需求，精心设计了多样化的形状与尺寸，使包装在组合排列时呈现出丰富有趣的视觉效果。这种设计不仅凸显了品牌的独特识别性，同时也以极富趣味性的方式展示了产品内容，无疑为Mooney宠物品牌在激烈的市场竞争中脱颖而出提供了有力支持（图2-1）。

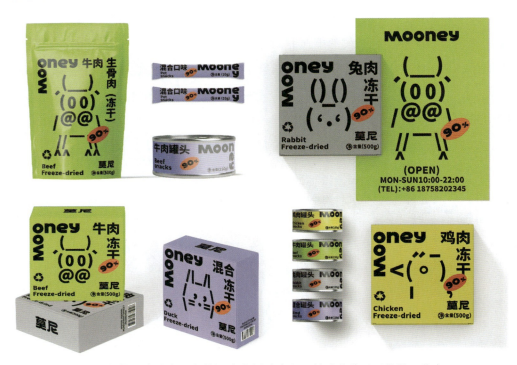

图2-1　Mooney宠物品牌的产品包装设计｜图片来源：站酷什莫平面设计工作室simofeng

其次，优质的包装设计应当能够有效地传达产品价值与品牌理念，并精确地展示产品的核心信息。商品交换的本质在于价值，而消费者购买产品的根本原因在于产品所提供的功能与价值。为了在极短的时间内吸引消费者的目光，品牌包装设计必须能够凸显产品的独特卖点，如卓越的口感、便捷的使用体验，或与消费者在精神层面产生的共鸣。一个好的包装设计能够让消费者迅速了解产品的核心价值，为他们提供充足的购买理由，从而简化购买决策过程。

包装上的信息元素众多，包括品牌名称、产品类别、规格与净含量、功能描述、使用方法、成分表、生产日期、保质期、生产厂家、配料表、贮藏指南，以及生产许可证号等。在商业营销的视角下，设计师应当巧妙地放大和强调这些信息中的价值点，形成有力的视觉冲击力和语言钉效应，以加深消费者的印象（图2-2）。

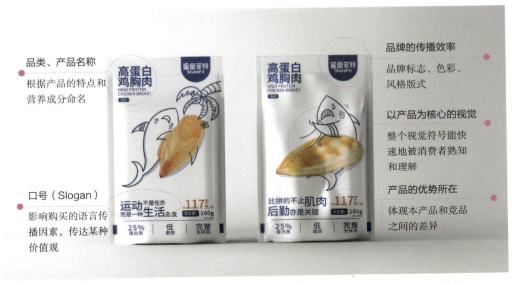

品类、产品名称

根据产品的特点和营养成分命名

口号（Slogan）

影响购买的语言传播因素，传达某种价值观

品牌的传播效率

品牌标志、色彩、风格版式

以产品为核心的视觉

整个视觉符号能快速地被消费者熟知和理解

产品的优势所在

体现本产品和竞品之间的差异

图 2-2　鲨鱼菲特高蛋白鸡胸肉产品包装设计｜图片来源：吴梓涵/指导：黄慧君

再次，优秀的包装设计还需要兼顾消费者的使用体验。这包括包装的易开启性、密封性和便携性等方面。在材料选择上，设计师应秉持环保和可持续发展的理念，尽量避免使用难以降解的材料，以减少对环境的影响。例如，农夫山泉第二代运动矿泉水瓶的瓶盖设计就充分考虑了运动场景下的使用需求。其特殊的旋转式开启方式不仅有效防止了运动过程中的溢水和松动现象，还具备防滑、防摔的特点，方便消费者单手拧开或用牙咬开（图 2-3）。

图 2-3　农夫山泉第二代运动矿泉水瓶盖｜图片来源：农夫山泉

最后，良好的包装设计应满足产品生产、流通和销售三大环节的需求。这要求包装具备良好的保护性能，确保产品在存储、陈列和运输过程中的安全性与便利性。通过合理的材料选择和结构设计，包装可以对产品提供足够的保护。同时，从节省空间的角度出发，设计可折叠且在需要时能快速组装的包装，有助于减少产品在储存和运输过程中的空间占用。

第二节 包装的规范

品牌包装的基本功能在于保护商品、优化运输流程，并通过有效的市场呈现来提升销售业绩与品牌附加值。然而，当前市场上不乏一种现象：部分商品过度包装，其表现在于包装空隙率过大、层次繁复及成本高昂，这些均超出了包装本身所应承载的基本功能范畴。鉴于此，亟须倡导节约、绿色、环保的理念，以推动可持续发展的包装实践，并对过度包装现象进行有效限制。

所谓可持续包装，即在品牌产品的包装设计、生产及处理等全生命周期中，充分考虑环境与社会因素的一种先进包装方式。它不仅关注包装基本功能的实现，更致力于在保障功能性的同时，最大限度地减少对环境的负面影响，并提升社会资源的利用效率。通过这种方式，可持续包装为品牌与消费者之间构建了一种更加和谐、环保的关系纽带。

市场监管总局（国家标准化管理委员会）发布了多项限制过度包装的国家标准。如《限制商品过度包装要求 食品和化妆品》（GB 23350—2021）国家标准于2023年9月1日起实施，对限制31类食品和16类化妆品（不适用于赠品或非卖品）过度包装提出明确要求。《限制商品过度包装要求 生鲜食用农产品》（GB 43284—2023）将于2024年4月1日起施行。主要对蔬菜（含食用菌）、水果、畜禽肉、水产品和蛋等五大类生鲜食用农产品等包装的空隙率、包装空隙率计算、生鲜食用农产品必要空间系数、包装层数、包装成本要求等进行了要求。

一、限制过度包装的规范

以《限制商品过度包装要求 生鲜食用农产品》为例，介绍限制过度包装的规范，引导学生正确设计品牌包装。

《限制商品过度包装要求 生鲜食用农产品》主要是针对不同类别和不同销售包

装重量的生鲜食用农产品设置了10%～25%包装空隙率上限；规定蔬菜（包含食用菌）和蛋不超过3层包装，水果、畜禽肉、水产品不超过4层包装。明确生鲜食用农产品包装成本与销售价格的比率不超过20%，对销售价格在100元以上的草莓、樱桃、杨梅、枇杷、畜禽肉、水产品和蛋，加严至不超过15%。

为推动农业绿色发展，倡导绿色消费理念。设计者要合理选用包装材料、规范包装设计。

（一）包装空隙率要求

包装空隙率是指去除包装内产品占有的必要空间体积与包装总体积的百分比。其要求见表2-2。

表2-2　包装空隙率要求

类别	要求
蔬菜（包含食用菌）	总质量（m）≤1kg，其包装空隙率应不超过25%
	总质量（m）>1kg，其包装空隙率应不超过20%
水果	总质量（m）≤1kg，其包装空隙率应不超过20%
	1kg<总质量（m）≤3kg，其包装空隙率应不超过15%
	总质量（m）>3kg，其包装空隙率应不超过10%
水产品	总质量（m）≤1kg，其包装空隙率应不超过25%
	总质量（m）>1kg，其包装空隙率应不超过20%
蛋	总质量（m）≤3kg，其包装空隙率应不超过20%
	总质量（m）>3kg，其包装空隙率应不超过15%
畜禽肉	总质量（m）≤1kg，其包装空隙率应不超过20%
	1kg<总质量（m）≤3kg，其包装空隙率应不超过15%
	总质量（m）>3kg，其包装空隙率应不超过10%

注　本表不适用于销售包装层数仅为一层的商品。

同一销售包装中若含有不同的生鲜食用农产品，以销售包装内所有生鲜食用农产品总质量计，包装空隙率以最大质量类别的对应要求为准。

（二）包装空隙率计算（图2-4）

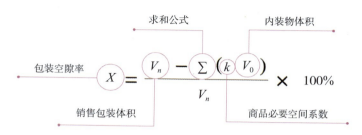

图2-4　包装空隙率计算公式示意图

　　X为包装空隙率，以%表示，精确至小数点后1位；V_n为销售包装的体积，单位为升（L）；k为商品必要空间系数，取值应符合表2-3生鲜食用农产品必要空间系数的规定；V_0为商品内装单种生鲜食用农产品的体积，单位为升（L）。

（三）生鲜食用农产品必要空间系数

　　商品必要空间系数是指用于保护产品所需空间量度的校正因子（表2-3）。

表2-3　生鲜食用农产品必要空间系数

商品类别	商品必要空间系数 k
蔬菜（包含食用菌）[a]	10.0
水果[b]	8.0
畜禽肉	8.0
水产品	8.0
蛋[c]	8.0

　　注　本表中涉及的生鲜食用农产品商品品类不作为农产品的分类依据。
　　包装内有冷却用品的产品k值为同类产品的1.2倍。
　　充气包装产品k值为同类产品的2倍。
　　a：普通白菜、菜苔、紫菜苔、薹菜、乌菜、芹菜、香菜、生菜、菠菜、落葵、茼蒿、食用菌类、大葱、香葱、蒜苗、辣椒、豆芽、豌豆苗、水芹、蒲菜、香椿的k值取12.0。
　　b：草莓、樱桃、杨梅、枇杷、桃、猕猴桃、金橘、柚的k值取9.0；葡萄的k值取12.0。
　　c：鸽蛋的k值取16.0。

（四）包装层数

　　包装层数指完全包裹产品、可物理拆分的包装层数（表2-4）。

表2-4　生鲜食用农产品包装层数规定

商品类别	包装层数
蔬菜（包含食用菌）	≤3
水果	≤4
畜禽肉	≤4
水产品	≤4
蛋	≤3

注　直接接触生鲜食用农产品的包装为第一层，以此类推，最外层包装为第N层，N即包装的层数。

简单捆扎绳、标签、标识、衬垫、隔离物、填充物、缓冲物、贴体包装、紧贴销售包装外的热收缩薄膜不计为一层；装入整个生鲜食用农产品的网套、两种材料叠加组合包装、抽屉式组合包装计为一层。

（五）包装成本要求

《限制商品过度包装要求 生鲜食用农产品》规定包装成本按照式（2-1）进行计算。

$$Y = \frac{C}{P} \times 100\% \qquad (2\text{-}1)$$

式中：Y表示包装成本与销售价格的比率，以%表示，精确至小数点后1位。

C表示销售包装的成本总和，单位为元。计入价格的销售包装，包括包装材料、拎袋、网袋/网兜、网套、捆扎物、衬垫、小型工器具、非生鲜食用农产品赠品等，不包括冷却、气体调节、防潮等保鲜保活功能性用品。凡是计入价格等销售包装的成本指合同价格，未签订合同的以实际交易价格为准。

P表示商品的销售价格，单位为元。商品的销售价格指合同价格，未签订合同的以实际交易价格为准，均为该商品所属批次的最高价格。

包装成本要求蔬菜（包含食用菌）、水果，以及商品销售价格低于100元的畜禽肉、水产品和蛋，其包装成本与销售价格的比率不应超过20%，如式（2-2）所示。

$$\frac{包装成本}{销售价格} \times 100\% \leqslant 20\% \qquad (2\text{-}2)$$

商品销售价格在100元以上的草莓、樱桃、杨梅、枇杷、畜禽肉、水产品和蛋，其包装成本与销售价格的比率不应超过15%，如式（2-3）所示。

$$\frac{包装成本}{销售价格} \times 100\% \leqslant 15\% \qquad (2\text{-}3)$$

包装成本的具体要求参考表2-5。

表2-5　生鲜食用农产品包装成本规定

商品类别	销售价格（P）/元	包装成本与销售价格的比率
蔬菜（包含食用菌）	—	≤20
水果[a]	—	≤20
畜禽肉	≤100	≤20
	＞100	≤15
水产品	≤100	≤20
	＞100	≤15
蛋	≤100	≤20
	＞100	≤15

注　生鲜食用农产品的包装不应使用贵金属、红木等贵重材料。

a：商品销售价格在100元以上的草莓、樱桃、杨梅、枇杷等，其包装成本与销售价格的比率不应超过15%。

其他的具体规定详见《限制商品过度包装要求 生鲜食用农产品》（GB 43284—2023）。

课外可拓展阅读《限制商品过度包装要求 食品和化妆品》（GB 23350—2021）。这份中华人民共和国的国家标准，2021年8月发布，2023年9月1日实施，旨在减少食品和化妆品的过度包装、节约资源，减轻消费者负担，并减少环境污染。它规定了包装空隙率、层数和成本等要求，禁用某些包材，并严格混装规定。

GB 43284—2023
文本

GB 23350—2021
文本

二、品牌包装设计的落地规范

品牌包装的设计有其特殊性。除了上述的包装层数、包装空隙率、包装成本等限制过度包装的要求之外，还需遵循以下的包装设计规范。

（一）包装基本信息要求

商品的包装须包含品牌Logo、产品名称、产品规格等15项基本信息。产品信息表须包含产品名称、产品标准代号、产品类别、保质期、贮藏条件、生产商、产地、地址、邮编、生产日期/批号、生产许可证编号和联系方式。其中产品名称要标明产品的具体名称。产品标准代号由标准的代号、顺序号、年代号三个部分组成。产品标准代号中的年代号可以免于标示。比如，在产品标准代号GB 17401—2014 中，GB是标准的代号，17401是标准的顺序号，2014是标准的年代号，可以将此产品标准代号标为GB 17401，需要注意的是，"GB"与"17401"中间必须空一格。

包装、标签、标识等所有的标示内容除了注册商标，必须使用规范的汉字，不可以单独使用繁体字，可以同时使用拼音、少数民族文字、外文，但是所有外文不得大于相应的汉字。如果外文作为装饰图案进行包装展示面的装饰，则可以除外。

新媒体带动商品营销进入新消费时期，现阶段，新的消费人群是高度娱己的，他们购物的驱动力主要是兴趣，所以，现在很多品牌很热衷于给产品起一些新奇特的名称，用年轻人熟悉的语言和互动方式，引起年轻消费人群的兴趣，以此实现商品营销的目的。但是在进行品牌的包装设计时，标示"新创名称""奇特名称""音译名称""牌号名称""地区俚语名称"或"商标名称"时，要在所示名称的同一展示版面标示规定的名称。在食品标签的醒目位置，清晰明了地标示反映食品真实属性的专用名称。

包装基本信息要求如表2-6所示。

表2-6　包装基本信息要求

包装规范要求	内容		
商品包装必须包含15项基本信息	1. 品牌Logo 2. 产品名称 3. 产品规格 4. 产品净含量 5. 经销商名称	6. 企业地址 7. 生产日期 8. 产品保质期 9. 营养成分表 10. 贮存条件	11. 配料表 12. 产品标准代号 13. 联系方式 14. 生产商名称 15. 食品生产许可证编号
外文不得大于中文（除注册商标外）	✕　泰顺白枇杷 **Taishun White Loquat**	✓　**泰顺白枇杷** **Taishun White Loquat**	

续表

包装规范要求	内容	
不得使用繁体字（除注册商标外）	✕ 泰順白枇杷	✓ 泰顺白枇杷
新奇特产品名必须附带产品属性名称	✕ 冰冰润润水	✓ 冰冰润润水 雪梨枇杷复合果汁饮料

（二）包装中的文字、图形和特殊警示信息要求

包装中所有文字、符号、数字的高度≥1.8mm；当标示内容既有中文也有字母、字符时，中文的字高应该≥1.8mm，kg和mL等单位的字符应该按照其中的大写字母或k、f、1等小写字母来判断其是否≥1.8mm。包装标签面积<35cm² 时，标签内容中的文字、符号、数字的高度可以<1.8mm，应当清晰、易于辨认。

包装的图形可以使用照片、插画、装饰纹样等样式。为避免消费者投诉商家欺诈，避免法律争端，在品牌产品的包装设计中，如果包装各展示面需要出现实物照片或者插画等图形时，必须加上"图片仅供参考，请以实物为标准"等字样。

香烟、保健品等产品的包装须设置警示用语区和警示用语。要求警示用语区应当位于最小销售包装物（容器）的主要展示版面，所占面积不应小于其所在面积的20%；警示用语区内的文字与警示用语区的背景应有明显色差；警示用语使用黑体字印刷。当主要展示面的表面积≥100cm² 时，字体高度不<6.0mm（表2-7）。

表2-7　文字、图形和特殊警示的信息要求

包装规范要求	内容	
包装文字高度最小不得<1.8mm	泰顺白枇杷	净含量：1kg
图片或插画必须加"图片仅供参考"字样	泰顺白枇杷 **Taishun White Loquat** 图片仅供参考 请以实物为标准	

续表

包装规范要求	内容
特殊包装警示信息要使用黑体字印刷，占整个版面≥20%	

注　表中的插画设计：费学雯/指导：黄慧君

（三）营养成分和配料表的信息要求

在品牌产品包装设计中，注意产品包装中的营养成分名称及顺序有一定的规范要求。当不标示某一营养成分时，依序上移。根据GB 28050—2011《食品安全国家标准　预包装食品营养标签通则》规定营养成分表采用"4+1"的标注模式，其中"4"表示蛋白质、脂肪、碳水化合物和钠这四种核心营养素；"1"表示能量。这5项核心的营养素被称为"常规5项"。营养成分表如果超过这5项，则核心的营养素必须加粗标示。

根据GB 7718—2011上的规定商品包装展示面上的配料表信息须根据重量占比，由多到少进行排列。

在进行品牌包装设计项目时要认真对照（表2-8）。

表2-8　营养成分和配料表的信息要求

包装规范要求	内容
营养成分常规5项	能量、蛋白质、脂肪、碳水化合物、钠（超过5项的话，需要放大或加粗，以突出这5项内容）
营养成分必须列出的常规5项及名称顺序规范	能量 - 蛋白质 - 脂肪 - 饱和脂肪酸 - 反式脂肪酸 - 单不饱和脂肪酸 - 多不饱和脂肪酸 - 胆固醇 - 碳水化合物 - 糖（乳糖C）- 膳食纤维 - 钠 - 维生素A - 维生素D - 维生素E - 维生素K - 维生素B1（硫胺素）- 维生素B2（核黄素）- 维生素B6-维生素B12 - 维生素C（抗坏血酸）- 烟酸（烟酰胺）- 叶酸 - 泛酸 - 生物素 - 胆碱 - 磷 - 钾 - 镁 - 钙 - 铁 - 锌 - 碘 - 硒 - 铜 - 氟 - 锰（当不标示某一营养成分时，依序上移）

包装规范要求	内容	
营养成分表 正确书写规范	❌ 营养成分表 项目　　　　每100克（g） 能量　　　　2240.0千焦（kJ） 蛋白质　　　7g 脂肪　　　　29g 碳水化合物　61g 钠　　　　　147.4mg	✔ 营养成分表 项目　　　　每100克（g） 能量　　　　2240千焦（kJ） 蛋白质　　　7.2g 脂肪　　　　29.2g 碳水化合物　61.0g 钠　　　　　147mg
	千焦（kJ）中"k"小写，"J"大写； 能量和钠必须保留整数； 蛋白质、脂肪和碳水化合物必须保留小数点后一位	
产品配料表 排列顺序	小麦粉、食用植物油、鸡蛋、白砂糖、椰浆（椰子白果肉）、黄油、食用盐、食品添加剂（碳酸氢钠、碳酸氢铵、β-胡萝卜素、食品用香精）（配料表必须遵循"由多到少"的正确书写规范要求，根据重量占比由多到少排列）	

（四）保质期和贮存条件的信息要求

保质期的正确书写形式如表2-9所示，在品牌产品包装设计中，内外包装的保质日期必须统一，并且在保质期书写形式上保持一致。比如，外包装标示的保质期书写为12个月，不能将内包装标示的保质期书写成一年。

贮存方式可以写成贮存条件、贮藏条件或者贮藏方法，表2-9所示的数字仅为示意，需要根据实际情况进行更改。

表2-9　保质期和贮存条件的信息要求

包装规范要求	内容	
保质期11个正确 书写形式	1.最好在_____之前饮（食）用 2. _____之前饮（食）最佳 3. _____之前最佳 4.此日期前最佳_____ 5.此日期前饮（食）用最佳_____ 6.保质期（至）_____	7.保质期_____个月 8.保质期_____年 9.保质期_____月 10.保质期_____日 11.保质期_____天
内外包装保质期日期 必须统一，并且保质 期书写形式一致	❌ 保质期:12个月 　　保质期:一年	✔ 保质期:12个月 　　保质期:12个月

续表

包装规范要求	内容	
贮存条件/贮藏条件/贮藏方法10个正确书写形式	1. 常温保存 2. 冰冻保存 3. 冷藏保存 4. 避光保存 5. 阴凉干燥处保存	6. ××~××℃保存 7. 请置于阴凉干燥处 8. 常温保存，开袋后需冷藏 9. 温度：≤22℃ 10. 湿度：≤22%

（五）净含量的信息要求

净含量由文字、数字和法定的计量单位组成。统一使用体积单位（升、毫升）或者质量单位（克、千克）为计算单位，使用冒号为分隔符。例如，净含量：325克。如果以长度、面积、计数单位来标注净含量的包装产品，可以不用标注"净含量"这三个汉字，只需标注数字和法定的计量单位。例如，30米、20平方米或者24个。净含量和产品名称必须在同一展示面出现。计量单位有其书写规范，如表2-10所示。

表2-10 净含量的信息要求1

包装规范要求	内容		
	液态	半固态或黏性	固态
产品净含量状态书写规范	体积单位标注 升、毫升 质量单位标注 克、千克	质量单位标注 克、千克 体积单位标注 升、毫升	质量单位标注 克、千克
产品名称和净含量必须在同一页	**泰顺白枇杷**		净含量：1kg
净含量（Q）字高的高度要求规范	克重　　字高 ≤50mL ≤50g　　>2mm 50mL<Q≤200mL 50g<Q≤200g　>3mm	克重　　字高 200mL<Q≤1L 200g<Q≤1kg　>4mm Q>1L Q>1kg　　>6mm	
千克和克的书写规范	✕ KG G 净含量：1000g	✓ kg g 净含量：1kg	千克 克
毫升和升的书写规范	✕ ML 净含量：1000mL	✓ mL ml 净含量：1L	

单件包装、同一包装内有多件同种类包装以及同一包装内有多件不同种类包装的净含量书写规范如表2-11所示。

表2-11　净含量的信息要求2

包装规范要求	内容		
单件包装净含量 4种书写规范	1.净含量：235g	3.净含量：200g+送35g	
	2.净含量：235g（200g+送35g）	4.净含量：（200g+35）g	
同一包装内有 多件同种类包装时 净含量12种 书写规范	1.净含量（净含量/规格）：40g×5		
	2.净含量（净含量/规格）：5×40g		
	3.净含量（净含量/规格）：200g+（40g×5）		
	4.净含量（净含量/规格）：200g+（5×40g）		
	5.净含量（净含量/规格）：200g+（5件）		
	6.净含量：200g　规格：5×40g		
	7.净含量：200g　规格：40g×5		
	8.净含量：200g　规格：5件		
	9.净含量（净含量/规格）：200g（100g+50g×2）		
	10.净含量（净含量/规格）：200g（80g×2+40g）		
	11.净含量：200g　规格：100g+50g×2		
	12.净含量：200g　规格：80g×2+40g		
同一包装内有 多件不同种类包装时 净含量6种 书写规范	1.净含量（或净含量/规格）：200g（A产品40g×3，B产品40g×2）		
	2.净含量（或净含量/规格）：200g（40g×3，40g×2）		
	3.净含量（或净含量/规格）：100g A产品，50g×2 B产品，50g C产品		
	4.净含量（或净含量/规格）：A产品：100g，B产品：50g×2，C产品：50g		
	5.净含量/规格：100g（A产品），50g×2（B产品），50g（C产品）		
	6.净含量/规格：A产品100g，B产品50g×2，C产品50g		

（六）条形码设计规范

条形码（Barcode）在很多领域都具有广泛的应用。其中，商品流通的食品包装上是强制性必须使用条形码的。条形码也称条形码符号，是将宽度不等的多个黑条和空白，按照一定的编码规则排列，用以表达一组信息的图形标识符。常见的条形码是由反射率相差很大的黑条（简称"条"）和白条（简称"空"）及字符组成的平行线条图形。

我国商品的条形码类型采用国际通用的标准码EAN-13。EAN指的是欧洲编码标准；13指这种通用商品条形码一共有13位。

1. 条形码的构成

条形码遵循唯一性原则，一个商品项目只能有一个代码，以保证商品的条形码在全世界范围内不重复。条形码由前缀部分、制造厂商代码、商品代码和校验码4个部分组成。其中第1~3位是前缀码，是国家代码。中国商品的前缀码为690-699，生活中常见的国家代码为690-695；第4~7位是制造厂商代码，即厂家代码，由厂商申请，国家分配；第8~12位是商品代码，由厂商自行确定；第13位是校验码，依据一定的算法，由前面12位数字计算得出（图2-5）。

2. 条形码的尺寸

在包装设计中，对条形码整体尺寸大小、上下左右间距有严格的要求和规范（图2-6）。条形码的标准尺寸是37.29mm×26.26mm，根据印刷版面的大小，可以作适当的缩放，缩放倍率规定为：0.80、0.85、0.90、0.95、1.00、1.05、1.10、1.15、1.20、1.25、1.30、1.35、1.40、1.50、1.60、1.70、1.80、1.90、2.00。还可以采用缩减条形码高度的办法缩小条形码，高度的截取最多不得超过原标准高度的三分之一，但是长度不允许随意截取。根据标准要求，条码尺寸有14套模板，每套模板对应的条码高度和长度都是固定的比例。倍率越小的条形码，对印刷的品质要求越高（图2-7）。

图2-5　条形码的构成示意图　　图2-6　安全区域设置示意图　　图2-7　标准尺寸示意图

3. 条形码放置的位置

在包装设计时，条形码需放置于各种扫描器都能读取到的位置。首选位置在商品包装背面的右下区域，与边缘距离不小于8mm，不大于100mm。如果包装为曲面造型，且直径≤5cm，需要将条形码垂直于包装放置（图2-8）。

图2-8　条形码放置位置示意图

4. 条形码的颜色

要求条与空的颜色反差越大越好。白色为底，黑色作条是最佳的颜色搭配。也可以根据包装的整体风格修改为其他的色彩搭配，但要求条和空的颜色必须一种是高反射率颜色，一种是低反射率颜色（图2-9）。

图2-9　条形码颜色搭配示意图

5. 条形码的创意

条形码的主要功能是识别和跟踪商品，除了常规的矩形条形码之外，还可以通过创意的方式将条形码设计成非矩形的形状，如圆形、椭圆形，或者与产品形状相关的独特设计。这种设计不仅增加了视觉上的吸引力，还可以使条形码与品牌形象更加一致。需要注意的是，在设计过程中需要权衡创意性和功能性，确保条形码在各种环境和条件下都能够被准确快速地扫描和识别（图2-10）。

（a）ANI乳制品包装设计 ｜ 图片来源：Backbone Branding　　（b）M乳制品包装设计 ｜ 图片来源：Depot

图2-10　条形码创意示意图

（七）二维码设计规范

二维码（2-Dimensional Bar Code）是使用某种特定的几何图形按照一定的规律在二维空间分布的，能记录汉字、数字和图片等数据符号信息的图形。二维码的应用领域非常宽广，是数字技术的创新。二维码可以是黑白的，也可以是彩色的。

商品包装上的二维码，能让消费者进一步了解商品，通过扫描二维码获取生产日期、原材料来源、使用说明、售后服务等产品信息。这种设计不仅提供了便利的购物体验，还增加了产品的附加值。二维码包装设计也可以与虚拟现实、增强现实等技术相结合，增加产品的互动性，增强消费者参与感，为消费者提供更丰富的购物体验（图2-11）。

图2-11　二维码的互动示意图 ｜ 图片来源：樊雨欣/指导：黄慧君

常规的二维码一般可放置于包装盒展示面的右下角，或者是包装盒侧面的中间偏下位置，整体看上去整洁、美观即可。富有创意的二维码，可以放置于包装主展示面的正中间，让二维码成为整个包装设计中不可或缺的一部分。

为了便于扫描器识别，商品二维码的尺寸要大于等于20mm。

二维码旁边一定要写上引导文字，以引起消费者的兴趣，引导消费者扫码完成互动。比如，扫一扫验证产品的真伪等。

三、品牌包装商品标签的极限用语规范

《中华人民共和国广告法》及相关法律法规规定品牌包装商品标签上的信息应真实、准确且不能误导消费者。品牌包装要严格按照国家法律法规进行设计。

《中华人民共和国
广告法》

（一）基本原则

1. 真实性原则
商品标签上的所有信息必须真实、准确，不得虚假宣传或误导消费者。

2. 明确性原则
标签用语应当清晰、明确，易于理解，避免使用模糊、含糊不清的词汇。

3. 合法性原则
标签用语必须符合国家法律法规的规定，不得含有违法、违规内容。

（二）禁止使用的极限用语

1. 绝对化用语
禁止在商品标签上使用"最佳""最好""顶级"等绝对化用语，以免误导消费者。

2. 比较级用语
禁止在商品标签上使用"比……更好""优于……"等比较级用语，除非有充分的事实依据。

3. 夸大宣传用语
禁止在商品标签上使用"神奇""特效""万能"等夸大宣传用语，要确保标签信息的真实性。

4. 误导性用语
禁止在商品标签上使用可能误导消费者的用语，如"原装进口""纯天然"等，

除非符合相关标准或规定。

（三）推荐使用的用语

1. 描述性用语

建议使用客观、中性的描述性用语，如"高品质""优质"等，以准确传达商品的特点和优势。

2. 量化用语

建议使用具体的数值或量化指标来描述商品的性能、质量等，如"含量99%""通过率98%"等。

3. 认证标志

如商品已获得相关认证或荣誉，可以在标签上标注相应的认证标志或荣誉标识，以增强消费者对商品的信任度。

此外，商品标签的设计应简洁明了，字体清晰易读，颜色搭配合理，以便于消费者阅读和理解。在同一品牌或同一系列的商品标签上，应保持一致性的用语风格和信息内容，以便消费者识别和记忆。标签用语应符合汉语语言规范和国家语言文字工作的相关要求，不得使用错别字、不规范的简化字等。

总之，要确保商品标签信息的真实性、准确性和合法性。

（四）检测违禁词专用网站

为了维护网络秩序、保护用户的合法权益、规范网络语言和内容、提高内容质量和可读性以及辅助人工审核等，各大网络平台开始加强对网络语言和内容的监管，其中就包括检测违禁词。相关的检测网站较多，本教材主要介绍禁用词查询和句无忧网。

1. 禁用词查询

禁用词查询网，在线检测并过滤违反《中华人民共和国广告法》的禁用词、违禁词、敏感词、极限词及限制语。

2. 句无忧

句无忧网，提供广告法违禁词检测查询工具服务，在线检测并过滤违反《中华人民共和国广告法》的禁用词、违禁词、敏感词、极限词及限制语。

第三节　包装材料认知

　　包装材料是指用于制造包装容器、包装装潢、包装印刷、包装运输等满足产品包装要求所使用的主要材料以及辅助材料。包装材料的种类繁多,既包括自然材料,也包括人工材料;既有单一材料,也有合成材料。其中,纸材、塑料、玻璃和金属是目前应用最广泛的4种包装材料。

　　在品牌包装设计中,设计师需要对各种包装材料的特性有深入的了解,并能根据特定产品的需求,合理地选择适合的材料,以设计出新颖独特、美观大方的包装吸引消费者,提升产品在市场中的竞争力,通过产品包装增强消费者对品牌的认知度和忠诚度。因此,选择合适的包装材料在品牌包装设计中具有重要的作用。

一、纸质包装材料

　　纸质包装材料是包装领域最为常用的一种材料。其具有良好的成型性,可轻易地进行切割、折叠、粘贴等加工操作,从而便捷地制作出形态各异的包装容器。这种材料广泛应用于食品、电子产品、礼品、药品、化妆品等多个包装领域。纸质包装材料的成本相对较低,能够有效地降低整体包装成本,尤其适合大规模的生产和销售。此外,纸质包装材料对环境友好,可以回收再利用,符合当前环保、可持续发展的要求。纸质包装材料表面平滑,非常适宜进行精美的印刷,能够满足多样化的设计需求。

（一）纸材的种类

1. 牛皮纸

　　以硫酸盐针叶木浆为主要原料,经过长纤维游离状打浆工艺制成,无须漂白环节。这种纸张在扬克式单缸造纸机或长网造纸机上抄造而成。牛皮纸柔韧且结实,耐水性优越,耐破度极高,能够承受较大的拉力和压力而不易破裂。作为一种包装用纸,牛皮纸成本低廉,用途广泛。根据颜色的差异,可分为原色、赤色、白色、平光、单光以及双色等多种类型。牛皮纸的耐破度和耐折度都非常出色,特别适用于包装重物或需要较高强度的场合。

2. 羊皮纸

是一种透明的高级包装纸，又称"硫酸纸"。它具有很高的透气性和耐水性，强度很好，被广泛地应用于仪器仪表、食品、医药品等内包装，适用于包装需要透气和防潮的物品。

3. 玻璃纸

是一种以棉浆、木浆等天然纤维为原料制成的薄膜状制品，透明、无毒无味，有白色，彩色之分。玻璃纸独特的分子团间隙提供了卓越的透气性，有助于产品的保鲜和保存活性。此外，它还具备抗湿、防油、防潮、防尘、不透水、微透气等特性，且易于热封和扭结，使其在食品包装中得到广泛应用。

4. 防潮纸

是在两层原纸间涂上沥青黏合而成的加工纸。具有一定的防潮性能，其防潮率最小在15%以上。可用作水果等产品的包装。

5. 瓦楞纸板

是一种由面纸、里纸、芯纸以及经过波形瓦楞加工的瓦楞纸黏合而成的包装材料。根据不同的需求，瓦楞纸板可制成单面、三层、五层、七层、十一层等多种类型，以满足各种商品包装的要求。这种纸板既可作为运输外包装箱使用，也可制成一次性包装容器，用于食品如汉堡包、糕点等的包装。瓦楞纸板的优势在于其成本低、质量轻、易于加工、硬度大、良好的印刷适应性，以及防震、防潮、方便储存搬运等特点。此外，它还能回收再利用，是经久不衰的主要包装材料之一。

6. 蜂窝纸

源于仿生设计，灵感来自自然界的蜂巢结构。它采用瓦楞原纸，通过胶粘技术连接成众多空心立体正六边形，构成纸芯。纸芯两面再黏合面纸，形成一种创新型的夹层结构的环保材料。蜂窝纸质轻、用料少、成本低，却拥有高强度和表面平整的特点，不易变形。此外，它还具有出色的抗冲击性、缓冲性能，以及良好的吸声、隔热特性，是一种无污染的绿色材料。

7. 铜版纸

又称为"印刷涂布纸"或"粉纸"，是一种在原纸表面涂覆白色涂料，并通过超级压光处理得到的高级印刷纸。根据质量的不同，铜版纸可分为A、B、C三个等级。它有多种类型，包括单面铜版纸、双面铜版纸、无光泽铜版纸和布纹铜版纸等。铜版纸的表面极为光滑平整，洁白度高，吸墨和着墨性能优异。缺点是遇潮后表面的粉质容易粘黏和脱落，不能长期保存。

8. 哑粉纸

正式名称为"哑光铜版纸"或"无光铜版纸"，是铜版纸的一种类型。与铜版纸的主要区别就是没有明显的反光。使用哑粉纸印刷的图案色彩相较铜版纸更柔和，不够鲜艳，且更吸墨。但印刷出的图案比铜版纸更细腻、高档。不过，印刷了颜色的哑粉纸区域也会呈现出一定的反光度，与铜版纸相似。

9. 白卡纸

也称"双面白"，白卡纸由三层组成：表层和底层为白色，光滑平整，可做双面印刷；中层为填料层，采用较为普通的原料。白卡纸质地坚韧，厚实且挺括，纸面色质纯度较高，吸墨性能均匀，耐折度良好，因此用途广泛，尤其适合印刷和产品包装。白卡纸对白度的要求很高，A等的白度不低于92%，B等不低于87%，C等不低于82%。然而，白卡纸的缺点是较易刮花，因此，通常高品质的卡纸会进行覆膜处理以防止刮伤。

10. 灰板纸

是用再生废纸制成的纸板，是一种环保型包装材料。灰板纸有单灰、双灰、全灰之分。灰板纸由于其质地厚实，被广泛用作礼盒的包装设计。

11. 双胶纸

又称"胶版印刷纸"或"胶版纸"，旧时被称作"道林纸"，是一种高品质的书刊印刷纸。这种纸张伸缩性小，对油墨的吸收均匀，平滑度佳，质地紧密且不透明，白度优越，并具备出色的抗水性。然而，与铜版纸相比，双胶纸的印刷效果可能略显逊色。

12. 复合加工纸板

是一种由纸、纸板、塑料、铝箔、布等多种材料通过黏合工艺复合而成的纸板。这种纸板能够显著改善普通纸和纸板的外观和强度，同时增强其防油、防水、防潮、保香和保鲜等性能。此外，复合加工纸板还具备热封性、阻光性和耐热性等全新功能。

除了上述的纸包装材料之外，还有金属面纸、珠光纸、钙塑纸、轻涂纸、黄纸板、蜡纸、纸袋纸以及干燥剂包装纸等多种纸包装材料可供选择。这些不同的纸材各具特色，适用于满足不同的包装需求。

（二）常用纸张的厚度和克重

纸张的厚度有差异，通常采用克每平方米（Grams Per Square Meter，GSM）作为衡量标准。具体测量方法是以每平方米纸张的重量来计算，即 g/m²。纸张的厚度和重量成正比，GSM 值越大，纸张越厚实。不同厚度的纸张适用于不同类型的印刷品。例如，70～100 克的纸张常用于制作面包袋和食品袋，而包装盒等所需纸张的厚度则在 250～300 克。

常用纸张的厚度
和克重

需要注意的是，不同厂家生产的纸张厚度可能存在一定差异，在允许误差范围内可以有 20% 的浮动。

二、塑料包装材料

尽管塑料包装材料的应用时间在历史进程中相对短暂，但其发展速度却极为迅猛。与其他包装材料相比，塑料材料具有成本低廉、易于加工和成型的特点，能够方便地制作出各种形状和规格的包装容器；能着色，能够在塑料包装材料上印刷各种色彩和图形文字，增加产品的辨识度，提升产品的美观度；此外，塑料制品结构坚固、轻便、耐磨、耐冲击，便于携带和运输。同时，塑料包装材料具有良好的阻隔性能，能够防潮、防水，从而更好地保护物品。

然而，塑料制品往往使用一次后就被丢弃，部分塑料材料容易老化或变黄、不耐高温，在自然环境中难以降解，自然降解时间很长，对环境造成很大的污染。为了解决这一问题，我国从 2008 年开始实施"限塑令"，并在 2021 年 1 月 1 日起正式实施"禁塑令"，加强塑料污染全链条防治，淘汰一次性不可降解塑料制品，研发新的材料替代难以降解的塑料材料。

随着科技的不断发展，满足可循环、易回收和可生物降解要求的全生物降解塑料制品作为一种新兴材料逐渐受到关注。未来，随着科技的不断进步，塑料包装材料将更加环保、高效和多功能化。

（一）塑料的种类

作为包装材料的塑料主要有以下几种。

1. 聚酯（PET）

具有较高的强度、韧性好、可塑性强、透明度高、耐热性和耐化学腐蚀性等优异性能，常用于制作食品类、化妆品类的各种形状的包装容器，如瓶子、罐子、盒子等。PET材料经过特殊的处理，可以在自然环境中逐渐分解，可减少对环境的伤害。

2. 聚乙烯（PE）

是一种常见的塑料包装材料。由于加工成型方便、热封性能好，且具有良好的阻水阻湿特性、耐冲击、耐化学腐蚀和防潮，常被用于制作各种食品包装、购物袋、垃圾袋等。

聚乙烯主要分为线性低密度聚乙烯（LLDPE）、低密度聚乙烯（LDPE）和高密度聚乙烯（HDPE）三大类。

LLDPE呈半透明和自然的乳白色，具有高冲击强度，具有良好的耐化学性，因此适合各种薄膜的应用，如通用薄膜、拉伸膜、服装包装、农膜等。

LDPE材料成本低，具有良好的柔韧性，因此在包装行业用于制药和挤压瓶、瓶盖和封口、防篡改、衬里、垃圾袋、食品包装薄膜（冷冻、干货等）以及层压ETC标签。

HDPE由于高结晶度（＞90%）而更加坚硬，但不如LDPE和LLDPE透明，呈现半透明的外观。它成本低、易加工、耐冲击、拉伸强度大，其优异的性能组合使其成为各行各业各种应用的理想材料。在包装应用上，HDPE广泛用于板条箱、托盘、牛奶和果汁瓶、医药瓶、化妆瓶外壳包装、食品包装盖、油罐、圆桶、工业散装容器以及装饰织物等其他塑料制品。

3. 聚丙烯（PP）

是一种优质塑料包装材料，具备出色的强度与韧性。它耐热、耐寒、耐化学腐蚀，因此被广泛应用于食品和药品包装。PP常用于制作餐具、容器和瓶盖，使用PP材质制作的餐盒能置于微波炉使用。清洁后可重复使用，既环保又实用。

4. 聚氯乙烯（PVC）

是一种具有弹性的塑料包装材料，具有良好的耐候性、耐化学腐蚀性和防潮性。可用于制作食品包装、医疗器械包装、化妆品包装等。

5. 聚苯乙烯（PS）

是一种轻质、透明的塑料包装材料，具有良好的抗冲击性和耐热性。可用于制作餐具、容器、包装盒等。

6. 聚偏二氯乙烯（PVDC）

是一种具有高阻隔性的塑料包装材料，可以有效地阻挡氧气、水蒸气等气体的侵入，保护包装内的物品不受外界环境的影响。它可用于制作食品包装、药品包装等。

此外，尼龙（PA）、聚碳酸酯（PC）等塑料材料也常被用作包装材料。不同的塑料材料具有不同的性能特点，适用于不同的包装需求。

（二）塑料容器的"身份证"

每个塑料容器都有"身份证"，一般在塑料容器的底部。由三个箭头组成的三角形回收符号以及其中1～7的数字，代表着塑料的种类和特性。这些数字是由美国塑料工业协会制定的塑料制品使用的塑料种类的标志代码。这些数字可以帮助消费者了解塑料容器的材质和特性，从而更好地选择和使用。同时，也有助于回收和处理不同类型的塑料废弃物，有效控制和减少"白色污染"。

塑料容器的
"身份证"

三、玻璃包装材料

玻璃作为包装材料具有悠久的历史，其起源可追溯到公元前1500年。当时，人们开始利用玻璃制作锅具。随着技术进步，透明玻璃、钢化玻璃、镀膜玻璃等多种类型的玻璃涌现出来，为包装领域带来了丰富的形态和无限可能。

玻璃包装材料具有卓越的保护性能，不透气、不透湿，并具备紫外线屏蔽功能，确保内装物的稳定性和安全性。其无毒、无异味的特点以及一定的强度，使其成为保存各种物品的理想选择。玻璃的透明度不仅赋予了品牌商品独特的美感，而且易于塑造和定制，可适应不同产品的需求。玻璃的原料丰富且成本相对较低，因此价格稳定，适合大规模应用。此外，玻璃的可回收性和环保性也使其在包装领域备受青睐。

当前，玻璃包装在食品、化妆品和药品等多个领域得到广泛应用。油、酒、饮料、果汁等产品常常采用玻璃瓶或玻璃罐进行包装，而玻璃瓶的透明度和精致度使其尤其适合化妆品行业，能够展示产品的质感和吸引消费者。在药品包装方面，玻璃瓶的密封性、化学稳定性和透明度则保证了药品的安全性和有效性。

玻璃的种类繁多，按成分可分为钠钙玻璃、铅玻璃、硼硅玻璃等。高档酒瓶常采用铅晶质玻璃或高硼硅玻璃制作，铅晶质玻璃以其高折射率和光泽度赋予了酒瓶璀璨的外观，可提升酒品的品质感；而高硼硅玻璃则以其耐热性、耐冲击性和化学稳定性确保酒瓶在运输和存储过程中的安全。对于经济实用型包装，普通钠钙玻璃和石英玻璃则是常见选择，前者透明度高且成本低廉，适合大规模生产；后者硬度高且耐磨损，适用于需要较高耐用性的包装容器。

为满足不同需求和应用场景，特殊类型的玻璃容器也得以开发和应用。例如，变色玻璃容器能在不同光线下呈现多彩效果，增加产品的趣味性和视觉吸引力；微晶玻璃容器则凭借卓越的机械强度和热稳定性成为高端和特殊要求的包装首选。

在玻璃容器的成型方面，人工吹制成型、机械吹制成型和挤压成型是主要的生产工艺。人工吹制成型是一种传统技艺，通过人工吹气将玻璃塑造为所需形状，适用于制作少量复杂器具，展现出精湛的工艺和高度的艺术性。机械吹制成型则用于大批量生产标准形状的制品，高效且精准。而挤压成型法则是将熔融的玻璃原料注入模具中挤压成型，外形美观且生产效率高。

四、金属包装材料

在循环经济与可持续发展的趋势下，金属包装材料的优越性日益凸显出来。金属材质具有卓越的加工适应性，能轻松塑造出多样化的形态与规格，从而灵活满足各种产品的包装要求；其优良的阻隔性、抗压性以及装饰性，使金属包装在保护产品质量、延长保质期等方面具有显著的优势，广泛应用于食品、饮料、化妆品和医药等多个领域，特别是在对保质要求较高、保鲜期较长的产品以及需要特殊保护的产品（如易燃、易爆、有毒、有害等危险品）的包装中，金属包装材料更是发挥着不可替代的作用。

金属的表面自带独特光泽，且易于印刷与着色，这为品牌产品增添了华丽感与美观的视觉元素，提升了其市场吸引力。金属包装材料的高耐用性使其能够重复使用，同时，金属材料的可回收性也极大促进了资源的再利用。

然而，金属材料也存在一些局限性，如化学稳定性相对较差，容易导致生锈；相较其他包装材料成本较高、重量较大。尽管如此，其在可持续包装领域的应用潜力仍不可小觑。

现在常用于包装的金属材料主要有铝箔、镀锡薄板、铝合金和金属复合材料等。此外，铁皮、不锈钢等金属材料也常被用作包装材料。

1. 铝箔

是柔软的金属薄膜，具有防潮、气密、遮光、耐磨蚀、保香、无毒无味等优点，其光泽为银白色，优雅动人。铝箔因其优良的特性，在食品、药品、化妆品等多个领域都有广泛的应用。

2. 镀锡薄板

俗称马口铁。这种材料两面都镀有商业纯锡，通常是冷轧低碳薄钢板或钢带。主要特性为不易生锈和耐腐蚀性。马口铁结合了钢的强度和成型性，锡的耐蚀性、锡焊性和美观的外表。因此，马口铁具有耐腐蚀、无毒、强度高和延展性好的特点。常用于制作食品罐头、饮料罐头等包装。

3. 铝合金

是铝和铜、硅、镁、锌、锰的合金，属于轻金属材料。具有轻便、美观、耐用、易加工等特点，常用于制作饮料罐头、易拉罐等包装。

4. 金属复合材料

将不同金属通过轧制、冲压等方法复合在一起，可以获得具有多种功能的金属复合材料，如铝/钢复合材料、铜/钢复合材料等，常用于制作高档食品包装。也可以将金属材料和其他材料复合，如将铝箔与塑料和纸复合，把铝箔的屏蔽性与纸的强度、塑料的热密封性融为一体，进一步提高作为包装材料所必需的对水汽、空气、紫外线和细菌等的屏蔽性能，大大拓宽了铝箔的应用市场。

金属罐与金属盒是金属包装的主要形式。金属罐，由金属薄板制成，常用于存放粉状或颗粒状物质，其常见材料为铝合金薄板和镀锡薄钢板。金属气雾罐则是一种小容量容器，由能承受内压的金属壳体和阀门组成，常见形态包括二片罐和圆罐，材料同样多为铝合金薄板或镀锡薄钢板。锡罐是金属制成的圆形或方形容器，内壁镀锡处理，具有防锈和防漏气特性，常用于食品、药品、香水等高档品的包装，也适用于糖果、花茶等小商品的包装。铝盒外形与锡罐相似，由铝制成，具有良好的密封性，能防潮、防氧化和防腐蚀，广泛应用于保健品、化妆品和烘焙产品。金属软管是由挠性金属材料制成的圆柱形包装容器，主要用于包装药膏、牙膏、化妆品、颜料等，使用时挤压管壁即可使内装物从管嘴流出。

随着科技的进步和人们环保意识的提高，金属包装材料正在不断地进行改进和创新，以适应不断变化的市场需求和环保要求。

除了以上介绍的4种材料之外，在品牌包装设计中，自然材料的运用日益受到重视，这不仅是因为它们具有独特的质感和美感，还因为它们在环保和可持续性方面具有较大的优势。

1. 竹材

我国是世界上最主要的产竹国，竹是一种生长迅速、可再生的自然材料，具有强度高、重量轻、耐磨损，适合用于制作包装容器和托盘等。竹子与中华优秀传统文化紧密相连，有着朴实、刚毅、谦虚的特点，象征着永恒和强韧，代表着中华民族的精神和文化风格。

2. 木材

主要用于制作高档、豪华的包装盒和礼品盒等。适合制作包装的木材有很多，如紫檀、松木、橡木、樱桃木、花梨木、胡桃木、榉木、红木、杨木以及泡桐木等。这些木材各有特色，如紫檀质地坚硬、纹理细密；松木质轻而软，易于加工；橡木纹理美观，耐磨损；樱桃木色泽鲜艳，具有良好的加工性能。木材的质感和纹理可以增加产品的附加值，提升品牌形象。

3. 天然纤维

棉纤维、麻纤维、竹纤维等都适合制作包装。棉纤维柔软、舒适，透气性好，且由于棉纤维纤维度较短，不易断裂，适合制作布袋。麻纤维具有良好的透气性和吸湿性，且韧性较好，适合制作防潮袋和保鲜袋等包装容器。竹纤维是从竹子中提取的纤维，具有抗菌、防霉、吸湿等特性，其强度高、耐磨性好，可生物降解，符合环保要求。因此，竹纤维在包装材料中的应用也日益增多。

4. 玉米淀粉、谷壳等可再生植物资源

这些可再生植物资源经过提取加工，可以转化为生物可降解性塑料。这类材料在自然环境中能够被微生物完全降解，最终分解为二氧化碳和水，不会对环境造成任何污染。因此，它们常被用于制作一次性餐具、食品包装等环保产品。

以 Prompt Design 为四桑岛大米设计的创新包装为例，这款包装充分利用了稻米脱壳过程中产生的天然废弃物——谷壳。将其作为包装材料，不仅体现了环保理念，还展现了独特的设计风格。包装采用模压成型技术，盒盖顶部的米形压花与周边精致的图形线条相互映衬，再加上细腻的徽标设计，整体呈现出一种高品质的美

感。同时，包装内附的米袋上清晰地印有批号和其他必要信息，为消费者提供了了解产品的便捷途径。

此外，这款包装盒在使用完毕后还能变身为纸巾盒，实现二次利用，进一步彰显了其环保设计理念。这样的设计不仅突破了传统大米包装的束缚，更充分展示了Prompt Design在环保性与实用性相结合方面的卓越创意和前瞻性思维（图2-12）。

再如，小米骨传导耳机的包装设计巧妙地采用由竹子和甘蔗废料提炼而成的天然纤维作为包装的主要材料，通过精密的压模工艺，包装完美贴合耳机的独特造型，既实用又美观。在制造过程中，小米运用了先进的高频焊接技术，将内部纸托与底板牢固黏合，此举大幅减少了胶水等塑料辅助材料的使用量。这种天然纤维的包装材料具有优异的可降解性能，能够实现100%的回收利用，从而有效减少了废弃物的产生（图2-13）。

图2-12 四桑岛大米包装｜图片来源：Prompt Design

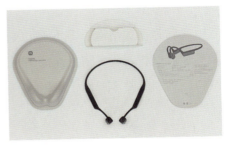

图2-13 小米骨传导耳机包装｜图片来源：小米

这些自然材料的运用不仅丰富了包装设计的元素和质感，也符合当前环保和可持续发展的趋势。在选择包装材料时，设计师应充分考虑产品的特性、市场需求以及环保要求，以选择最合适的材料。

第四节 包装造型设计

包装的造型设计，也被称为形体设计，通过运用不同的加工工艺，创造出包装容器的立体形态。这种设计不仅可以用于保护和贮存内容物，还具有促销的功能。包装造型主要分为内包装容器造型和外包装容器造型，形式多样。在进行品牌包装造型设计时，需要充分了解品牌商品的特性，进行有针对性的设计。同时，还需要考虑加工工艺的可行性。

一、常见的结构类型

瓶式、罐式、管式、盒式、袋式、篮式、碗式、套式是常见的包装结构类型。

（一）瓶式

多用于包装液体、粉末状产品。常以玻璃、塑料和陶瓷等材料制成，以金属、塑料或木材质为瓶口，具有良好的密封性能。瓶式结构的造型多种多样。

（二）罐式

又称为桶式结构。多用于包装液体、固体和液固混装的产品。多以铁、铝、合金等金属材料制成，密封性好，利于保鲜和延长产品的使用时间。如果罐配以喷口结构，可制成喷雾罐。

（三）管式

多用于包装乳状、糊状的产品，以金属或塑料等材料制成软管状，便于使用时挤压，多带有管肩和管嘴，常以金属盖或塑料盖封闭。

（四）盒式

又称为箱式结构。多用于包装固体状态的产品，是一种常见的包装结构。多以纸材料制成，还可以使用塑料、竹、木、金属等材料制成。

（五）袋式

多用于包装固体、粉末状产品。常以纸、织物（丝麻棉）、塑料等材料制成。其用途广泛、便于携带。

（六）篮式

多用于组合装的送礼产品。常以塑料、纸、金属、竹木等为材料。

（七）碗式

主要用于食品包装，相同结构的还有盘式和杯式。常以塑料、纸为材料。碗式包装多盛放快餐、米、面等；盘式包装多盛放菜肴；杯式包装则多盛放酱料、冰激凌等。

（八）套式

主要用于包装筒状、条状和片状的产品。常以织物、纸或塑料等材料制成。如伞套、唱片套等。

二、包装器皿设计

器皿是用于盛装物品的物件的总称。可以由不同的材料制成，并做成各种形状，以满足不同的需求。

包装设计中的器皿主要采用玻璃、塑料、陶瓷、金属等材料，通过模具热成型工艺加工制作成瓶、罐、盒等容器，主要用于酒、饮料、护肤、化妆品、医药和化工等对防水、防潮、防氧化等保护要求高的产品中。

包装器皿最主要的功能是盛装、保护产品，所以设计时要综合考虑被包装的内容物的用途、属性、使用者、使用环境等因素，以便兼具便利性与美观性。

目前市场上的包装器皿造型千姿百态，但是归根结底可以划分为两大类。

（一）几何造型

在包装容器中，几何造型的容器具有规则和谐美。主要由点、线、面、体等几何要素构成，形态简约、流畅，如罐头、饮料瓶、酒瓶的圆柱体、方柱体、三棱柱、球体等造型。

1. 纯粹几何造型

这种容器造型较单一，符合标准化作业的需求，生产成本较低。设计呈现出工业化高度理性、简约的风格（图2-14、图2-15）。

2. 几何变体形态

通过对几何形体进行拼接、添加、挖切、扭曲、融合等多种造型手法运用，能够创造出极为复杂且充满变化的几何变体形态，这是一种极富创意与想象力的艺术形式，在视觉上更能呈现出一种独特的美感和张力。通过巧妙地组合和变换，简单的几何元素可以衍生出无数种可能的器皿（图2-16～图2-18）。

图2-14　长白雪包装｜图片来源：
农夫山泉

图2-15　ECOALF个人护理产品系列包装｜图片来源：
Lavernia & Cienfuegos

图2-16　何干·大红碗酒包装｜图片来源：
凌云创意

图2-17　Siya饮料包装｜图片来源：Backbone
Branding

图2-18　本草发酵酒包装｜图片来源：WoW
哇创意设计

（二）仿生造型

仿生是造型设计中常用的一种方法，是师法造化的一种手段。指的是对自然界中的生物体（人类、动物、植物、微生物）、其他自然存在物质（日月星辰、山川河流、风云雷电等）以及人造物的典型外部形态和象征寓意进行模仿（图2-19）。

目前，市场上在包装器皿造型上运用仿生造型的商品主要集中在化妆品、酒、饮料、食品、洗护用品这五类商品。当然，其他类别的商品也会运用仿生造型（图2-20）。

仿生造型的包装器皿设计是以自然形态为基本元素和原创点，结合包装容器造型设计的要求，通过取舍、提炼、简化、夸张、解构等手法，进行创造性模拟，创造出具有创新性、趣味性的包装容器造型。

例如，甲古文创意设计为壹品天物自涌泉天然水品牌打造的包装，其整体外观设计灵感深植于原产地的原始森林秘境之中。在色彩上，它采用了象征生命力与自然的"森林绿"，使人一眼便能感受到那份来自大自然的清新与宁静。

在瓶身的设计上，上窄下宽的圆锥形轮廓宛如一棵挺拔而生机勃勃的小树，诉说着生命的不息与茁壮成长。这种独特的造型不仅提升了包装的视觉冲击力，更赋予了其深厚的自然寓意。此外，包装的设计哲学也体现在每一个细节之中："底为土，瓶为木，木育水。"瓶盖的设计与土地元素完美融合，仿佛是大自然的一部分，营造出一种包容万物、回归自然的大地之感（图2-21）。

图2-19 Muety护肤产品包装 | 图片来源：朱赟

图2-20 Bean Playing Tennis网球包装 | 图片来源：Bowler & Kimchi

图2-21 壹品天物包装设计 | 图片来源：甲古文创意设计

仿生造型设计的方法如下。

1. 整体仿生

这种设计方式以产品的整体造型作为核心载体，巧妙地借鉴并融入被借鉴物体的各种典型性的形态结构（图2-22）。捕捉这些被借鉴元素的精准并融入产品包装的形态设计，以提高产品的趣味性和艺术价值（图2-23）。

例如，柏星龙创意团队为劲牌精心设计的"劲牌有礼·福禄寿喜财"系列巧妙融合了中国传统文化中永恒的吉祥元素——福禄寿喜财，象征着人们对美好生活的热切向往和深厚寄托（图2-24）。

在该系列中，每一款产品瓶身都运用了拟人仿生的设计手法，福禄寿喜财五位神仙活灵活现、充满喜气。同时，该设计巧妙地将酒杯与瓶盖结合，以帽子为灵感，瓶盖摘下后即可变身为实用的酒杯，实现了功能与美观的完美结合。

此外，盒型设计也别具一格。五瓣小盒如花瓣般巧妙组合，闭合时呈现为一个完美的圆形，寓意团团圆圆。当盒子打开时，五个憨态可掬的神仙形象便跃然眼前，洋溢着欢乐和喜庆的氛围。

2. 局部仿生

是相较整体的仿生造型而言，通过对产品的某一部分或某一构件进行仿生形态设计（图2-25）。

图2-22 钱氏礼品HPP胡萝卜汁包装设计 | 图片来源：品赞设计

图2-23 消消火凉茶包装设计 | 图片来源：凌云创意

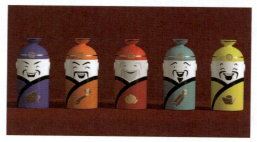

图2-24 劲牌有礼包装设计 | 图片来源：柏星龙创意

图2-25　武陵白酒包装｜图片来源：凌云创意

图2-26　Nikasi白啤酒包装｜图片来源：潘虎
设计实验室

图2-27　VAVA Mineral Water矿泉水包装｜
图片来源：Prompt Design

图2-28　蜂蜜包装｜图片来源：Prompt Design

例如，Nikasi白啤酒的玻璃瓶颈上，精心雕刻了苏美尔文明中广为人知的啤酒女神——尼卡西的立体浮雕形象。这一仿生的设计，使得整个瓶颈宛如一件艺术品。而瓶身上那极其精美的贴纸，则仿佛是为女神量身定制的华丽礼服，与浮雕形象相得益彰。这样的设计不仅凸显了啤酒最原始、最纯粹的品质与风味，更让人们在品尝美酒的同时，也能感受到古老文明的魅力与传承（图2-26）。

3．肌理仿生

通过模仿自然形态的肌理、纹理和色泽等质感，增强产品的形态功能意义和表现力。

VAVA品牌以独具设计感的线条，使用肌理仿生法展现其水源地的土、水、火、风这四大自然元素。浮雕的肌理感有助于增强矿泉水产品的吸引力，反映水的纯度。整体设计高档且独特（图2-27）。

仿生造型法不仅可以运用于包装器皿，也可以运用于包装的外容器，如图2-28所示的蜂蜜包装设计，以蜂蜜、蜂巢和蜂箱元素为创意，生动形象地还原了原生态蜂蜜的形成过程。

三、常见纸盒结构

由于纸盒具有材料易取、价格合

理、加工方便、规格齐全、品种繁多、易于回收等优点，纸盒是目前国内外使用最多、最广泛的一种包装结构形式。

作为外容器的纸盒，并不一定会直接包裹、接触产品，保护产品的功能相较包装器皿弱，故设计空间也更广，其造型可以更加多变，例如常见的管式盒、翻盖盒、盘式盒、天地盖、飞机盒等，以及衍生出的反向插锁盒、双开翻盖盒、内折抽屉盒、四折边天地盖、侧边插锁翻盖盒、插锁旋转翻盖盒等盒型。

在学习时，可以从经典盒型入手，搞懂基本结构，这样才能举一反三，设计出千变万化的盒型。

（一）管式盒型

是市面上最常见的一种盒型。其特点是由四个面围绕粘贴而成，上下都可打开，展开结构为一个整体。管式盒的"盖"和"底"组装方式多样，可衍生出双插盒、扣底盒等多种盒型。

1. 双插盒

设计结构简单，上下插耳，上部与底部都有同样的插口，模切后粘贴折叠成型。不易承载过重的物品，适合轻便、小巧的药品盒、牙膏盒等产品（图2-29）。

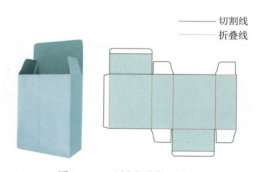

——— 切割线
——— 折叠线

图2-29 双插盒结构示意图

2. 扣底盒

因底部是扣底结构而得名。外观与双插盒极为相似，区别是底部扣底。这种盒型适用范围较广，结实耐用，承重效果较好。一些农特产品、电器等产品的包装盒会选择扣底结构（图2-30）。

（二）翻盖盒型

是一种非常实用的盒型。其特点是盒底和盖面二者连为一体。

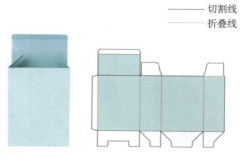

——— 切割线
——— 折叠线

图2-30 扣底盒结构示意图

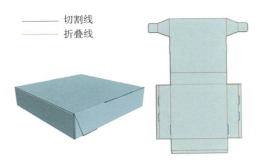

图2-31　侧边插锁翻盖盒结构示意图

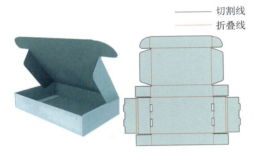

图2-32　飞机盒结构示意图

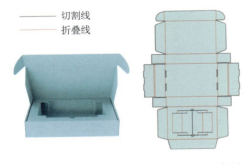

图2-33　矩形底座内衬飞机盒结构示意图

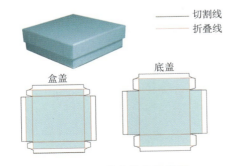

图2-34　天地盒结构示意图

1. 侧边插锁翻盖盒

采用了极具特色的侧边锁结构。整体盒型结构简洁，易于成型（图2-31）。

2. 飞机盒

飞机盒是翻盖盒型的一种，利用结构设计达到一体成型，不需要糊盒，可以节省加工成本。飞机盒根据产品的需求会选择3层瓦楞或5层瓦楞，抗压性能好，折叠方便，是电子商务行业优先选择的快递盒型（图2-32）。

常规飞机盒可以衍生出保险扣飞机盒、封套飞机盒、矩形底座内衬飞机盒、开窗无侧翼飞机盒、双层飞机盒、提手飞机盒、指扣飞机盒、屋顶飞机盒等多种款式（图2-33）。

（三）天地盖盒型

纸盒的盖盒为"天"，底盒为"地"，所以称天地盖。一般上大下小扣合使用，有一定的开启仪式感，可以提升产品的品质感。根据"盖盒"的外形，可以分为正方形、长方形、圆形、心形、异形天地盖盒；上盖完全或是部分包裹住下盖；盖盒和底盒的比例取决于产品需求和设计品位。被广泛应用于各类精装礼品的包装（图2-34）。

（四）抽屉盒型

抽屉盒由两个部件组成：外壳和抽屉。以抽取方式开合，分一边开口和两边开口两种形式。这种盒型坚实牢固，能较好地容纳包装物，提升产品形象，故常用作精装礼品盒。

1. 单层抽屉盒型

使用方便，可快速打开和关闭。具有良好的包装保护性能，可以有效地保护包装不受外部冲击和损坏（图2-35）。

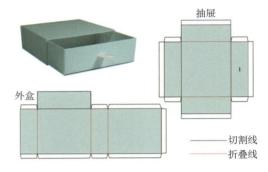

图2-35　单层抽屉盒结构示意图

2. 多层抽屉盒型

把这种盒型的门打开，可以看到内部有多个抽屉。形式独特，外观简洁大气、实用，常用于礼品包装（图2-36）。

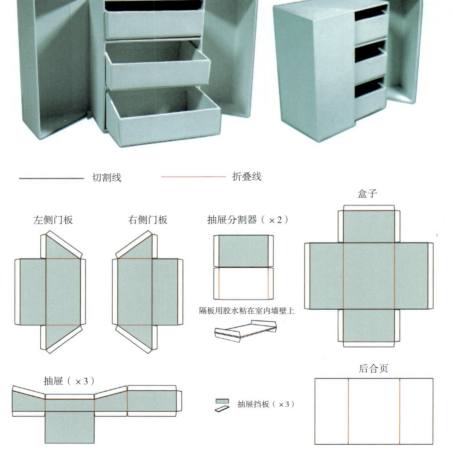

图2-36　多层抽屉盒结构示意图

（五）吊挂盒型

　　吊挂盒多用于快消产品，能够使牙刷、文具等小商品在卖场里以最佳的位置和角度出现，利于货架展示。吊挂盒型的包装结构可以设计成开窗式，所谓的开窗，指包装的一部分挖孔镂空开窗，镂空处用玻璃纸或透明膜密封，使产品的最佳部位得以展示，方便消费者观察，能增强产品的可信度（图2-37）。

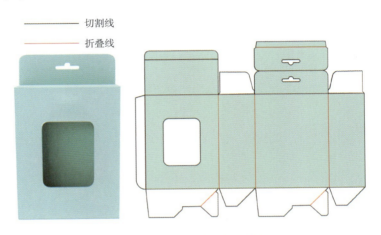

图2-37　吊挂盒型结构示意图

（六）手提盒型

　　手提盒的承重能力较强，盒型上部设计可以拆装的手提构件，是礼盒类最常用的盒型，最大特点是方便携带（图2-38）。

图2-38　手提盒型结构示意图

在当今这个充满创意与多元化的市场中，各式各样的包装盒琳琅满目，或简约大方，或华丽繁复，这些看似复杂多变的盒型设计，其实都源于一些最基本的结构原理。对于初学者而言，掌握这些基本的盒型结构是至关重要的第一步。只有深入理解和熟练掌握这些基础结构，才可以举一反三，进而进行巧妙的组合、变形与创新，从而设计出独具匠心、千变万化的盒型。

课程内容

本章教学内容旨在引导学生深入探索品牌包装设计的视觉形式设计，系统理解相关概念与术语，并学会对品牌包装信息要素进行科学分类。通过掌握品牌包装版式设计的核心原则、主体层级以及构图技巧，能够熟练运用文字编排、图形图像处理和色彩运用等设计手法，形成独特的设计风格。通过本章的学习，同学们能够将所学知识融会贯通，灵活应用于实际的品牌包装设计创作中。

思政要点

着重培养学生的文化自信和国际视野，学生应认识到本土文化的独特价值和国际设计趋势的重要性；注重传承经典与创新设计，强调设计伦理与责任感；通过学习经典案例，借鉴优秀设计成果，将传统文化与现代设计相融合；鼓励实践与反思，注重学生设计实践与批判性思维的培养。

关键术语

版式设计；设计风格。

重点和难点

重点：品牌包装信息要素分类；品牌包装设计的构图技巧；字体设计、图形创意和色彩搭配等策略和设计风格的呈现。

难点：采用文字编排布局、图形图像创意与色彩调和等设计技巧，塑造出符合品牌调性的设计风格。

作业及要求

作业：某品牌包装设计一套（包装的标签设计、主展示面的方案设计部分）。

要求：此阶段的学习应循序渐进，由临摹逐步过渡至半临摹，最终迈向创新创作。在方案初始阶段，可从文字编排、图形图像处理及色彩运用等角度入手，逐一学习并实践创作。随着学习的深入，融合各平面视觉要素，进行综合创作。

品牌产品的包装通常由两个或多个面组合而成，以常见的包装盒为例，它是由六个面构成的立方体。这就要求包装设计既要在三维空间中精妙地塑造形态和结构，又要关注每个面的平面设计，从而打造出视觉上的美感。在品牌包装中，标签、图形、文字和色彩等平面视觉要素，通过巧妙的版式编排设计，不仅能够有效地传递信息，更能提升品牌产品的吸引力，使其在竞争激烈的市场中脱颖而出。

第一节　包装的版式设计认知

平面设计作为一种视觉沟通的艺术形式，其目的是更高效、更美观地向受众传递信息。在品牌包装版式设计中，信息的呈现尤为重要，因为它直接关系品牌形象的塑造和消费者认知的建立。

一、文字信息要素分类

品牌包装平面版式中的文字信息设计是需要经过精心组织和分类。这些信息大致可以分为三种类型：核心信息、引导信息和规范信息（图3-1）。

（一）核心信息

核心信息是消费者首先注意到的信息，是品牌或产品最本质、最关键的内容。品牌包装的核心信息包括品牌名称、产品名称和卖点信息等重要的识别信息，往往以最为显眼和直接的方式呈现在包装上，核心信息通常位于包装的主展示面。

消费者对品牌的了解是从名称开始的。品牌名称即俗称的"牌子"，如"稻香村""知味观"等；产品名称指产品的具体名称，如稻香村的"二十四节气糕点"，二十四节气糕点里又有细分的产品名称，如"雨水润春糕""惊蛰春花酥""春分茉莉饼"等；卖点信息是指商品所具备的与众不同、别出心裁或前所未有的特色和特点，是品牌差异化战略的重要组成部分。有效的卖点信息可以激发消费者的购买欲望。在品牌包装设计中，卖点信息通常会被突出展示，以便消费者能够快速了解和记住该产品的独特之处。卖点信息的呈现方式多种多样，可以通过文字、图形、色

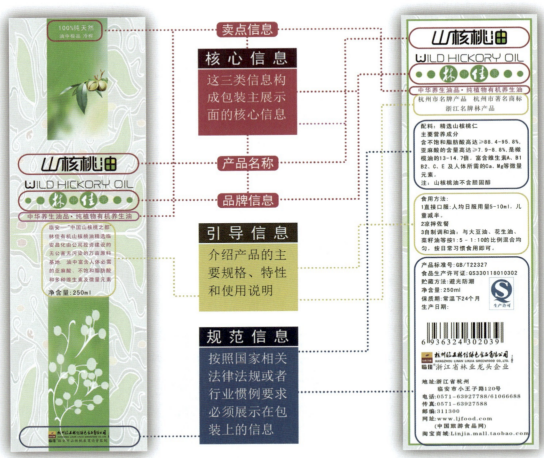

图3-1　包装版式文字信息类型示意图

彩等多种设计元素进行传达。

（二）引导信息

包装版面上的引导信息主要是指在商品包装上，为了引导消费者关注、理解和购买产品而设计的一系列清晰明了的视觉元素和信息层次。引导信息通常是关于产品的主要规格、特性，或对产品的详细介绍、注意事项和使用说明，是消费者了解产品是否合用、品牌背后故事的重要引导信息。通常位于包装主展示面的下方或包装的侧面或背面。

（三）规范信息

规范信息是指按照国家相关法律法规或者行业惯例要求必须展示在包装上的信息，目的是保护消费者权益、提供产品信息、促进产品销售、确保产品安全以及维护品牌形象。包装版面上的规范信息主要包括产品名称、净含量、生产日期和保质期、储存条件、生产者及经销者的名称、地址和联系方式、产品执行标准代号以及生产许可证编号、警示信息、环保标志和回收标志等。不同的包装可能会有一些差异，具体需参考相应行业的包装规定。

在包装版式设计中，文字信息的合理分组与排序至关重要。设计时，应避免将所有信息机械地堆砌在同一版面上，而应根据包装的定位、主要陈列方式以及消费者的观看习惯精心规划主、次各级展示面。每个展示面都应根据其功能和特点，承载与之相关的信息内容。核心信息、引导信息和规范信息这三类关键要素，在布局和设计上应体现出差异化和层次感。一般而言，核心信息应被置于最为显眼的主展示面，而其他辅助性信息则可有序地分布于各级次展示面。值得注意的是，即使是同一级别的信息，由于营销策略的灵活多变，也会形成不同的主次关系。

通过这三种类型的信息设计，品牌包装版式不仅能够有效地向消费者传递关键信息，还能够在视觉上形成独特的风格和美感，从而增强品牌的辨识度和吸引力。

二、包装版式设计的四原则

包装版式设计的四原则包括到位的对齐、合理的对比、巧妙的重复和有序的亲密。

（一）对齐原则

对齐是指对版面中视觉逻辑秩序和元素的统一整理，目的是使版面整洁、有条理，营造一种秩序的美感。任何元素都不能在版面上随意安放，每一项元素都应当与版面上的某个内容存在某种视觉联系。版面对齐的方法是找准一根明确的对齐线，按照设定的对齐分类法将视觉元素对齐（图3-2）。

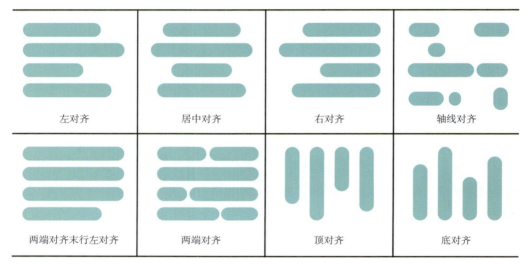

图3-2　对齐原则的类型示意图

1. 左对齐

是最常见的对齐方式，版面中的元素以左为基准进行对齐，左边整齐，右边可长可短，这种对齐方式简洁大方，符合大多数人的阅读习惯。在包装设计中，这种对齐方式适合文字信息内容较多的版面，如包装背面的标签设计。

2. 右对齐

版面中的元素以右为基准进行对齐，左边可能出现不规则的边缘。这种对齐方式与人们的视觉习惯相悖，阅读的速度较慢，但可以营造新颖有格调、标新立异的效果。这种对齐方式适用于较少的文字，如包装主展示面的品牌、品类、产品的相关信息。

3. 居中对齐

版面中的元素以中线为基准进行对齐，左右两端的字距相等，视觉上更为集中。这种对齐方式具有传统、肃穆的感觉。文字信息内容较多的版面不宜采用此种对齐方式。

4. 两端对齐

版面中的元素可以通过拉伸和缩放的方式让两端都对齐，使版面整齐、美观，并提高版面的阅读效果。这种对齐方式适合文字信息内容较多的版面，如包装产品的说明书。

5. 顶对齐

与左对齐相似，版面中的元素以顶部为基准进行对齐。

6. 底对齐

版面中的元素以底部为基准进行对齐。

7. 轴线对齐

这种对齐方式是以版面的中心线为对齐基准，而不是元素的中线。轴线对齐给人以优雅、正式的感觉，但是轴线两侧各个部分又富有变化，比较灵活。

（二）对比原则

对比是控制画面节奏和制造画面焦点的重要手段。通过对不同元素的差异性进行强调和突出，可以创造差异化，突出关键信息，从而创造出强烈的视觉效果。需要注意的是，如果要形成对比，则需要加大力度，避免使用两种或多种类似的元素进行对比，如不要用橙红和橙黄做对比，也不要用一种粗线与更粗一点的线进行对比。

在包装版式设计中，可以存在多种对比方式，如大小对比、形状对比、颜色对比、方向对比、疏密对比、粗细对比等（图3-3）。这些对比手法可以单独使用，也

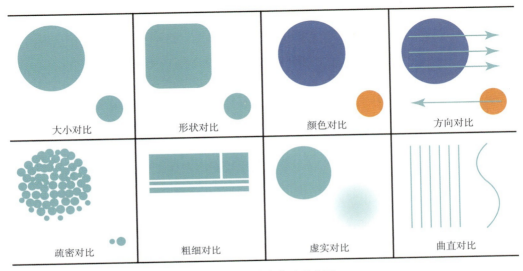

| 大小对比 | 形状对比 | 颜色对比 | 方向对比 |

| 疏密对比 | 粗细对比 | 虚实对比 | 曲直对比 |

图3-3　对比原则的类型示意图

可以结合起来，以达到更好的视觉效果。使用对比原则时还需要注意保持整体的协调性和平衡感，避免过度使用或使用不当导致视觉混乱或不良印象。

1. 大小对比

是指通过不同元素之间的大小差异形成对比。这种对比可以强调主要元素，使其在包装上更加突出。例如，产品名称或标志通常会被放大并置于显著位置，而其他次要信息则会缩小并放置在较次要的位置。

2. 形状对比

是指通过使用不同形状、轮廓或图形元素来创造视觉差异形成对比。不同的形状有不同的性格特征，如圆形、方形、三角形等几何形状能呈现简洁、现代和有序的外观；有机形状则更加自由、流畅和自然，可以传达出柔和、温暖或活力的感觉。正负形状的对比，可以创造出层次感和立体感。例如，在标志或标签设计中，可以使用正形状突出关键信息，同时使用负形状作为背景或辅助元素。

3. 颜色对比

是指通过不同元素之间的颜色差异形成对比。这种对比可以创造出强烈的视觉冲击力和吸引力。例如，使用醒目的颜色突出产品的名称和标志，同时与其他次要信息形成鲜明对比。

4. 方向对比

是指通过不同元素之间的方向性差异形成对比。这种对比可以创造出动态感和空间感。例如，倾斜的线条或图案能表现出流动感和立体感。

5. 疏密对比

是指通过不同元素之间的排列密度差异形成对比。这种对比可以使包装版式更加有节奏感和韵律感。例如，详细的产品信息部分使用较为密集的文字进行排列，配以较为疏松的图形元素来缓解视觉压力。

6. 粗细对比

是通过不同元素之间的粗细差异形成对比。这种对比可以使包装版式更加有层次感。例如，品牌标志和产品名称通常会使用较粗的字体，而其他说明性文字则会使用较细的字体，以形成对比并突出重要信息。

（三）重复原则

通过巧妙地运用重复元素，可以强调设计主体、塑造层次感，并营造出统一、规律且整洁的视觉美感（图3-4）。在包装版式设计中，我们可以重复使用各种元素、颜色、字体、布局，以达到强化品牌形象、提高产品识别度的目的。重复原则既可以使用在单一的包装中，也适用于系列包装，重复的元素与品牌形象和产品的特点相符合，并保持适度的变化和创新，以避免单调和乏味。

图3-4　使用重复原则的示意图

1. 元素的重复

在包装版式设计中，可以重复使用相同的图形、图标、标志或装饰元素。这些重复的元素可以在整个包装上形成统一的视觉风格。

2. 颜色的重复

重复使用相同的颜色或色彩组合也是包装版式设计中常用的手法。在同品牌的不同的包装上重复使用相同的颜色，可以建立品牌的色彩识别度，并使产品在货架上更加突出和引人注目。

3. 字体的重复

字体的重复建议采用"多样的统一"。也就是说如果品牌标志和产品名称使用了粗体的无饰线字体，那其他说明性文字则使用细体的无饰线字体，而不是简单地重复粗体的无饰线字体。

4. 布局的重复

同品牌的单一包装或系列包装使用相似的版式结构和排版方式，以建立统一的视觉风格，可提高品牌包装的整体美感和协调性。

（四）亲密原则

亲密指的是视觉元素之间要建立联系，控制元素空间秩序，把握元素关系。即彼此相关的元素应当靠近，归组在一起，使版面中的信息条理化，具有清晰的层次感，为消费者提供良好的阅读体验（图3-5）。

1. 分组

元素的合理布局尤为关键。应避免版面元素过多，需将相关性元素巧妙组织起来，形成清晰、统一的视觉单位，避免混乱。同时，不同组的元素间应保持独立，避免建立不必要的关联，防止视觉混淆。

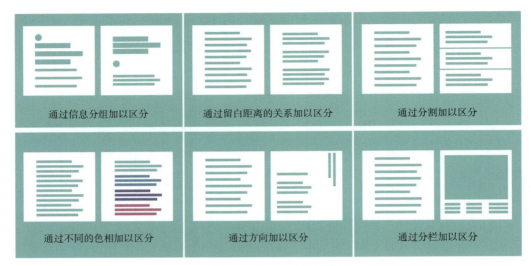

图3-5 使用亲密原则的示意图

2. 留白

巧妙地运用空白区域是区分不同信息级别的有效手段。通过精心设置空白,建立信息间的距离关系,从而明确区分各个信息层级,确保信息传达的清晰度和层次感。

3. 分割

通过分割建立组合关系。分割的类型有很多,可以是线条分割,也可以是形状分割和色块分割。

4. 色相

不同色相的信息组会暗示受众这是不同的信息。

5. 方向

不同的编排方向也可以很好地区分信息组。

6. 分栏

通过分栏的方式区分不同的信息。相关信息分成同一栏,不相关的信息分成不同栏。

三、主体和层级

在品牌包装设计中,主体和层级是相互关联的。主体通常位于设计的中心或突出位置,以吸引受众的注意力,而层级关系则用来组织和呈现主体周围的其他元素,使设计整体更加协调和平衡。合理的主体选择和层级划分可以提升包装版式设计的视觉效果和传达信息的效果（图3-6）。

图3-6　LAGG威士忌包装 | 图片来源：Stranger & Stranger

（一）精致的主体

包装设计的主体是指设计中最突出、最能吸引消费者注意的元素。通常是品牌标志、产品名称或者独特的图形设计。主体的设定取决于品牌的市场策略和产品的特性。例如，对于一些知名品牌而言，其品牌标志可能就是包装设计的主体；而对于一些新品牌或特定产品而言，可能会强调产品名称或特色图形来吸引消费者。这种强有力的视觉元素主体形象可以形成"视觉锤"，既能吸引消费者的注意力，又能清晰传达包装设计的产品信息，特别是在产品架上与众多竞争产品相比较时（图3-7）。

图3-7　大展宏兔茶叶包装 | 图片来源：Guriosity（ShenZhen）Design

（二）合理的层级

在包装设计中，层级概念体现了各元素间的视觉次序与重要性排序。出色的包装设计应能精准引导消费者的视线，从品牌或产品名称等核心信息出发，逐步延展至产品特性、成分及制造商等次要信息（图3-8）。

构建层级关系时，需综合考虑视觉流动性和信息逻辑。恰当的层级划分不仅能使设计更加清晰连贯，还可优化消费者的阅读体验。信息层级的划分可以利用视觉元素的大小、粗细、颜色和位

图3-8　帝泊洱普洱茶珍包装 | 图片来源：潘虎设计实验室

置等手法来实现，不同层级的视觉元素在视觉上可以形成对比和层次感。例如，对于商品名称、商标等核心信息，设计应突出、醒目，确保能迅速抓住消费者的注意力。

合理的层级关系是遵循人们的阅读习惯，信息在包装上的布局应遵循从左至右、从上至下的顺序。通过对色彩、图形和文字等信息进行巧妙分组排序，有效引导消费者按照预期的设计顺序接收包装信息。

综上所述，在包装设计中，主体与层级的恰当运用，以及视觉元素与文字信息的和谐融合，对于吸引消费者注意力、传达品牌信息和增强产品辨识度具有不可替代的作用。

四、品牌包装设计的构图

品牌包装设计的构图是指在有限的包装空间内，将品牌标志、图形、文字和色彩等设计元素有序地排列组合，形成一个个完整、美观的包装展示面，以实现更美观、更高效地传递商品信息的目的。

（一）平衡的构图

品牌产品的信息传递和视觉效果需要通过包装各级展示面的构图进行呈现。构图的形式多样，具体设计时可以根据产品的属性和设计要求灵活选择。然而，无论采用何种构图方式，保持画面的平衡始终是设计的基石。这种平衡不仅体现在画面元素的均匀分布上，更重要的是实现整体视觉效果的和谐与统一。

对称是平衡最好的体现。对称是一种美的形式法则，在包装设计中依然适用。对称分为绝对对称和相对对称两种。绝对对称，即完全对称，要求中轴线两边或中心点周围的造型、色彩等元素完全一致，这种严谨的对称形式能够表达端庄、正式、安静、经典、大气等感觉。然而，过度使用绝对对称也可能导致设计显得单调乏味。

相对对称是指在一定范围内或程度上存在对称关系，但并非完全相同或严格对称。这种构图方式既保留了对称所带来的平衡感、和谐感，又增加了设计的灵活性、变化性。通过调整元素的大小、形状、位置或色彩等视觉元素，相对对称能够在保持整体平衡的同时注入生动和活力。

在品牌包装设计中，根据产品的需求和定位，可以灵活选择绝对对称或相对对称的构图方式。例如，对于追求稳重、经典感的产品，可以采用绝对对称来强调其品质和可靠性；而对于希望展现活力、创新感的产品，则可以运用相对对称来打造更具吸引力的包装设计。同一种构图方式中，也可以分别采用绝对对称构图法或相对对称构图法（图3-9）。

除了对称，取得构图平衡感的方法还有很多，如重心、均齐、重复、渐变、留白等手法，在构图中运用这些手法的目的就是产生视觉上的平衡感。

图3-9 满月茶礼包装｜图片来源：Design by AO

（二）构图方式

常见的构图手法包括居中构图、对角构图、左右布局、上下分布、四周环绕、模块划分、标签运用以及满版设计等多样化方式（图3-10）。在进行具体的品牌包装设计时，需根据产品所传递的独特视觉信息来灵活调整构图策略。即使采用同一种构图方式，也会因产品特性的不同而呈现相应的变化。例如，标签构图可以延伸为实际开窗式或虚拟开窗式等创意构图；四周环绕构图可以进一步演化为全包围、半包围或四角构图等多种变体。一套包装、一个包装的不同展示面，甚至同一个包装的同一展示面上也会应用多种构图方式，因此在实际应用中需要保持灵活性和创新性。

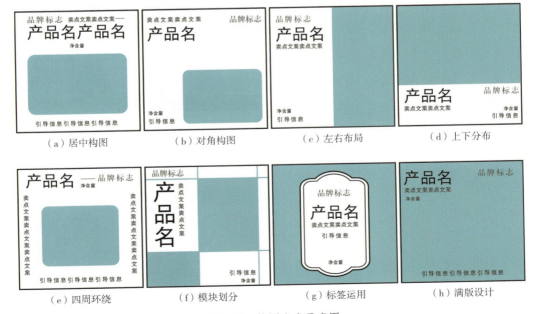

图3-10 构图方式示意图

1. 居中构图

是一种稳定且正统的构图方式，将主要设计元素放置在画面的中心位置，四周加上文案或视觉元素进行烘托。这种构图法可以突出重点，使设计更加清晰、易于理解（图3-11）。

2. 对角构图

是一种能够呈现生动、活泼且独具一格视觉效果的有效构图手段，其视觉中心通常位于版面的中心位置。这种构图方法的特点是将文字或主体元素沿着对角线方向摆放。由于倾斜的角度产生了势能，因此这种布局不仅能引导消费者的视线，还能优化版面的视觉层级，使信息传达更加清晰（图3-12）。

3. 左右布局

是一种非常稳定又容易把控的构图方式，即把版面分成左右两部分，分别放置文字信息和视觉主图形，通过巧妙的布局形成对比或呼应的效果，让左右呈现一种协调的关系（图3-13）。

相对于左右构图，左中右的构图层次会更丰富一些。整体表达的变化也更多样，但常规来说是将视觉主体集中在中间部分（图3-14）。

4. 上下分布

是一种极为简洁且高效的构图方式。这种将视觉元素从上至下有序排列的方法不仅符合人们的自然阅读习惯，还能在视觉上营造出一种平衡与舒适的

图3-11　啤酒包装｜图片来源：Earthling Studio

图3-12　植物花蜜包装｜图片来源：Moyra Casey

图3-13　东游记白酒包装｜图片来源：
甲古文创意设计

图3-14　拉面范速食包装｜图片来源：
潘虎设计实验室

图3-15 汤臣倍健包装｜图片来源：凌云创意

图3-16 Christodoulou饮料包装｜图片
来源：yolk

图3-17 空心挂面包装｜图片来源：十方创意

图3-18 ZEROONE调味品包装｜图片来源：
十方创意

感觉。其形式简洁、版面干净，同时透露出一种高级的氛围（图3-15）。

采用上、中、下的构图结构能进一步明确信息的分组和归置，使得各组之间的信息层级清晰明了。这种布局不仅确保了整体的稳定性，还为视觉表现提供了更多样化的可能性（图3-16）。

5. 四周环绕

是一种稳定且均衡的构图方式。在这种构图中，主视觉放置在画面中心，其他的视觉元素以文字包围图形或图形包围文字的形式呈现。在设计过程中，分组意识要强，视觉表现要集中，避免元素过于分散。这样才能使整个版面传递大量信息的同时突出主体内容（图3-17）。

为了进一步强化这种稳定性，可以选择在版面的四个角落布置设计元素，形成四角构图。这种布局不仅能够保持画面的平衡感，还营造出一种开放而透气的视觉效果（图3-18）。

6. 模块划分

是将信息按照不同的区域进行有序摆放，实现信息清晰分类的一种构图方式。这种构图方法极大地方便了消费者的阅读和理解。在品牌包装展示面的设计中，可以结合网格系统，运用九宫格布局划分各个模块，或者借助黄金分割法的原理优化模块的分布和比例，从而达到视觉上的和谐与美感（图3-19）。

7. 标签运用

是一种利用标签作为构图主要元素，将产品的关键信息以简洁、直观的方式传达给消费者的方法。标签构图法不仅有助于提升包装的视觉吸引力，还能有效地引导消费者的注意力，增强品牌的识别度（图3-20）。

此外，标签构图法还可以根据产品的特点和市场需求进行灵活变化。比如，对于需要展示产品实物效果的产品，可以采用开窗式标签构图，通过透明或半透明的窗口展示产品的真实面貌（图3-21）；还可以把标签的外轮廓设计成窗户的形式，窗户内融入产品的相关信息（图3-22）；对于注重品牌形象推广的产品，则可以在标签中融入品牌标识和宣传语等元素，提升品牌的知名度和认知度（图3-23）。

8. 满版设计

是一种运用各种设计元素来布满整个版面的构图方式。由于版面被各种设计元素占据，使得包装在视觉上更加饱满和丰富，从而更容易吸引消费者的目光（图3-24）。不过，满版设计的构图法在运用时需要把握好度。过多的设计元素可能会导致版面显得杂乱无章，反而影响消费者的阅读体验和品牌形象的传达。因此，需要根据产品的特点和市场需求，合理地选择和布局设计元素，确保版面的整体协调性和美感（图3-25）。

图3-19　日本红薯出口箱包装│图片来源：
RENGO

图3-20　GODMINSTER 包装│图片来源：
Bigfish

图3-21　Mixed Rice Ingredients 包装│图片来源：
MOLT

图 3-22　丰收中式宫廷果酒包装｜
图片来源：WoW 哇创意设计

图 3-23　香朵朵·茉莉雪龙包装｜图片来源：
潘虎设计实验室

图 3-24　EazzyPizzy 包装｜
图片来源：W Design Bureau

图 3-25　For Real Foods 包装｜图片来源：Pond Design

在品牌包装设计中，版面构图对产品的视觉效果和消费者购买体验起着重要的作用。它的核心目的是高效传递信息并提升视觉美感。不同的构图方式，如居中构图突出主题、对角构图引导视线、满版构图吸引注意等，各有其适用场景。具体设计时需根据产品特性、市场定位及品牌风格，精心选择构图方式。同时，文字、图形、色彩的和谐搭配也不容忽视，以确保版面既清晰易读又美观动人。尽管本教材仅介绍了八种构图方式，但实际上版式构图的创意空间无限，可在掌握基础原理的前提下，大胆创新，为品牌包装设计带来更多独特魅力。

第二节　文字编排类的包装设计

文字信息是品牌包装中不可或缺的要素，在传达产品信息、塑造品牌形象、建立情感连接以及提升美学效果等方面都具有重要意义。鉴于此，本节将重点探讨如何恰当地选择与设计字体，如何对文字信息进行有效的编排，以及如何在包装设计中巧妙运用文字编排风格，旨在为学生提供一套系统而实用的指导原则。

一、字体设计的基本认知

（一）常用术语解析

以下是品牌包装设计中常常涉及的一些关于字体设计方面常用的术语。

1. 字体

是文字的外在形式特征，是一组具有共同特征和统一风格的文字符号集合。不同的字体有不同的性格。

2. 字形

是字体中的一个具体字符的视觉表现。同一个字符在不同的字体中可能有不同的字形。

3. 字族

是指一组相关字体的集合，这些字体通常具有相似的风格，但具有不同的字重、字宽或斜体等属性。

4. 字重

即字体笔画的粗细度，是品牌包装字体设计中一个非常重要的属性。常见的字重包括细体、正常体和粗体等，这些字重各有其独特的设计功能，可满足不同的视觉需求。部分字体家族的字重变化丰富，涵盖特细至极粗等多种级别，这些不同级别的字重为设计提供了更多的选择，可以更加精细地调整文本的视觉效果，增强设计的层次感和视觉冲击力。

5. 字号

即字符高度，对版面设计中的信息层次和内容权重至关重要。在包装设计中，为确保文字的可读性和识别性，规定文字高度不低于1.8mm。设计时需依此设定基准字号，再根据不同内容的重要性和视觉需求，按设计原则逐步确定各级别内容的字号。通常，包装主展示面上的产品名称字号最大，以凸显其主导地位和品牌识别度。

6. 字偶距

即相邻两个字母间的间隔距离，对字符水平空间的细致调整至关重要。通过精确调控这一参数，能够确保字符在视觉呈现上的均衡与和谐，进而提升文本的整体美感和易读性（图3-26）。

7. 字间距

指的是一组字符之间的间隔距离，与字偶距有所不同。它主要影响的是一组字符的整体视觉效果和布局，通过对一组字符之间的整体空间进行有意识的调整，可以优化文本的排版效果，确保字符间的视觉均衡与和谐，进而提升文本的易读性和美感（图3-27）。

字偶距：两个字母之间的间隔距离　　　　　　字间距：一组字符之间的间隔距离

图3-26　字偶距示意图 　　　　　　图3-27　字间距示意图

8. 行长

即单行字符的水平长度，对文字可读性至关重要。合理的行长设置能确保阅读的连贯性和舒适性，可避免过短导致频繁换行或过长使视线分散。设计时需综合考虑字体、行距及字符间距等因素，以达最佳阅读效果。同时，要注意行长与版面宽度的比例，保持版面平衡，确保视觉舒适和信息有效传递。

9. 行间距

即文本行的垂直距离，对可读性和视觉效果至关重要。过小的行间距使文字拥挤，增加阅读难度；过大则会浪费版面，影响美感。适中的行间距能确保易读性，可高效利用空间，实现内容与形式的和谐。中文排版推荐1.2～2倍字号；英文则建议1.3倍以上，以优化阅读体验。

10. 段间距

即段落间的垂直空白，对文本可读性和视觉层次至关重要。合理的段间距设置能清晰分隔信息组，帮助消费者理解文本结构与逻辑。在品牌包装中，适当的段间距可提升易读性与美感，强化信息传递效果。

为确保品牌包装版面能够高效、美观地传达产品信息，必须构建清晰易读、视觉协调的文字布局。准确运用相关术语是保障信息有效传递和设计整体美感的关键。通过合理调整字重、字号、字偶距、字间距、行长及行间距等要素，可以优化文本的视觉效果，提升包装的识别度和吸引力。同时，段间距的合理设置有助于划分信息层次，引导消费者的阅读顺序，进一步提高信息传递的效率。

（二）品牌包装设计中的基础字体概览

不管是中文字体还是外文字体，从广义上进行分类，都可以分成衬线字体、无衬线字体以及手写字体，不同的字体有不同的性格。

字体特征示意图

尽管方正、微软等字体开发平台有丰富的字体可供品牌包装设计时进行选择，也极大地拓展了品牌包装设计的可能性，但深入理解和熟练掌握基础字体仍是包装设计不可或缺的重要环节。

部分基础字体示意图

1. 中文字体

黑体是无衬线字体的代表，可塑性强，感知信息清晰，适用于各种类型的品牌包装，是使用频率最高的字体形式之一。

宋体是衬线字体的代表，主要特征为笔画横细竖粗，末端有装饰元素，所以装饰性大于黑体，适用于需要传达精致、传统、经典、富有内涵气质的品牌包装。

圆体由小篆和黑体演变而来，笔画末端圆润，既能体现严肃、规矩的气质，又具有灵动活泼的特性，适用于表达柔美和圆滑感的品牌包装。

综艺体是一种基于黑体的变体字体，其显著特征是结构方正且外张，给人一种稳重而有力的视觉感受，适用于展现权威、专业或高端形象的产品品牌包装。

书法体种类丰富，如篆书、隶书、楷书、行书、草书等，是一种手写字体，但现在各大字库都有开发各类书法字体。基本特征是笔画流畅、气韵生动，展现传统文化韵味；适用于文化、艺术、传统节庆等主题的包装设计，彰显产品的文化底蕴和独特风格。

2. 英文字体

外文字体多样，但因英文字母结构规律、易展示设计特点，且英文普及度高、影响广泛，故常以其为代表进行介绍。

Helvetica是现代主义经典字体，简洁、中性、易读，这是一款百搭的无衬线字体，适用于各种类型的品牌包装。

Arial是一款普及度极高的无衬线字体，清晰、易读，具有现代感。适用于多种类型的包装设计，特别是那些追求朴实、简洁的品牌产品包装。

Myriad是一款优雅且现代的无衬线字体，适合用于高端、时尚的品牌产品包装设计，其特征是笔画均匀、线条流畅，展现简洁而精致的美感。

Garamond是一款源自16世纪的古典衬线字体，是公认的拥有最好可辨识性与可读性的字体之一。适合需要传达优雅、经典、历史感的品牌产品包装设计。

Times New Roman是一款经典且被广泛使用的衬线字体，其特征为线条清晰、易读性高，适用于需要展现传统性和可靠性的品牌产品包装设计。

Didot是最纯粹地表达了古典与现代整合之美的衬线字体。其笔画对比强烈，展现出精致而优雅的风格，特别适合用于时尚、奢侈品或文化艺术领域的品牌包装设计。这种字体能够赋予产品独特的气质和高端感。

Din源于德国工业标准字体，具有强烈的几何特征和现代感。其简洁、硬朗的线条，适合科技、工业或现代主义风格的产品包装设计，能够传达出精准、专业和高效的品牌形象。

英文书法体种类繁多，各具特色。例如，Levibrush字体呈现出手写风格，自然随意，适用于营造轻松友好的品牌氛围。Burgues Script则优雅且艺术，其流畅曲线和华丽装饰展现复古典雅之美，适用于高端浪漫的产品包装。而Blackletter，又称哥特体，以其独特风格和历史感为产品赋予了神秘复古的气质，适用于传达奢华或古老感觉的品牌包装设计。

二、品牌包装设计中的字体搭配策略

（一）品牌包装设计中的字体搭配原则

品牌包装设计中的字体搭配，需遵循若干核心原则，以确保视觉和谐及信息有效传递。

首先，设计应基于品牌整体风格及项目特性，选择相匹配的字体。这意味着字体风格应与品牌形象、产品特色协调一致，确保视觉上的统一性和识别性。中英文字体的选择亦应相互呼应，如中文衬线字体与英文衬线字体的搭配，或中文无衬线字体与英文无衬线字体的组合，均可营造出统一且独特的视觉美感。

其次，设计应巧妙运用字号、字重、色彩等视觉元素，以突出重点信息，使消费者能够迅速捕捉核心内容。这种突出重点的方法有助于提升信息的可读性和识别性，引导消费者的视线聚焦在关键信息上。

最后，字体搭配应注重层次分明的原则。应熟练掌握字群编排技巧，合理划分文字信息的层级关系。一般而言，规范性、说明性信息宜采用简洁、低调的字体样式；而产品名称、广告宣传语等关键信息，则应通过加粗、放大等醒目手段予以强调。这样的设计策略有助于提升品牌包装的专业性和视觉吸引力，使消费者在浏览过程中能够清晰地感知到信息的层次和次序。

综上所述，品牌包装设计中的字体搭配原则包括一致性、重点突出和层次分明。通过审慎选择字体、巧妙运用视觉元素以及合理划分信息层级，设计师可以打造出既符合品牌形象又具有视觉吸引力的包装作品。

（二）品牌包装设计中的字体搭配方法和思路

1. 同类字体搭配

通过选择风格相近或一致的字体进行组合，营造统一且和谐的视觉感受。例如，可以选用同一字族的字体，利用其字重、字宽等精细属性来构建版面的协调与平衡。同时，巧妙地调整字体大小、行距及字距等排版要素，不仅能够优化品牌包装设计整体的视觉呈现，还能使信息层次更加清晰，从而增强品牌形象的辨识度和信息的传达效率（图3-28）。

图3-28 同类字体搭配示意图

2. 异类字体搭配

这是一种富有挑战性的搭配方式，通过巧妙地组合不同风格的字体，实现视觉上的对比与和谐。通过选择具有互补特性的字体，如衬线体与非衬线体、手写体与印刷体等，创造独特的视觉效果，凸显品牌的个性与特色。在异类字体搭配时，需注重字体的协调性、可读性和辨识度，避免产生视觉混乱。成功的异类字体搭配能够提升品牌包装的吸引力和辨识度，使消费者在众多产品中迅速识别并记住该品牌（图3-29）。

图 3-29 异类字体搭配示意图

3. 创意字体搭配

这是一种独特且富有创新性的设计策略，是展现品牌独特性和创新性的关键。通过字体变形、结合图形、特殊排版等手法，打破常规，吸引消费者注意。但须确保可读性和辨识度，避免信息传递受阻。成功的创意搭配，能增添品牌魅力、提升形象，使品牌在市场中脱颖而出（图3-30）。

图 3-30 创意字体搭配示意图

在品牌包装设计中，引导信息和规范信息中的文字通常采用可读性较强的印刷字体；而核心信息中使用的字体建议根据产品的特性和风格进行精心设计，并放置于包装的显眼位置，如主展示面（图3-31）。

进行创意字体设计的第一步是寻找母体字，母体字一般选用宋体、黑体等基础字体，然后在母体字的基础上进行笔画、结体和外形等方面的变化。

创意字体的设计方法很多，由于篇幅所限，本节不作详细介绍。

（三）品牌包装文字编排技巧

品牌包装文字编排技巧同样是围绕品牌包装版式设计的对齐、对比、重

图 3-31 今矿矿泉水包装 | 图片来源：潘虎设计实验室

今麦郎·今矿天然矿泉水的标签巧妙地运用了共笔设计法。"今矿"的母体字采用刚健有力、简洁精致且稳重贵气的宋体字，通过对二字的笔画进行精心共享的设计处理，不仅确保了文字的识别性和清晰度，还展现了一种独特的美感和实用性。

复、亲密四原则展开的。

1. 信息的分组

在正式开始品牌包装设计之前，首要任务是梳理分类包装上的所有信息内容。通过仔细分析，将信息中相互关联的部分归纳整合，进而对文字信息进行合理的分组。在此过程中，需明确各组信息的主次关系，确保核心信息能够脱颖而出。同时，在视觉流程上建立清晰、明确的逻辑关系。

2. 间距

商品信息的清晰传达依靠组与组、段与段、行与行、字与字之间的间距，它们之间的亲密性关系是组间距>段间距>行间距>字间距，合理的亲密性可以提高阅读的效率。

组间距应当大于段间距。

段间距一定要大于行间距，可以选择字号大小的2~3个字的字高作为段间距。

在设定一组信息的行间距时，一般可以设定为小字高度的一半，或者采用黄金分割比例，即行间距略大于小字高度的一半，具体可设定为约0.618倍的小字高度。这样的设置不仅美观，还能确保信息既紧凑又易于阅读（图3-32）。

图3-32 字体的行间距示意图

在设计时，常常被忽略的间距设置是字间距。包装中的引导信息和规范信息中所使用的文字一般不需要额外调整字间距，因为系统默认的字间距是以小的字号为准的。但是，品牌名称、产品名称等核心信息需要使用大的字号进行版面视觉主次关系的强调，然而随着字体点数增大，字与字之间的间距会越来越松散，这时就需要对字间距进行适当的调整（图3-33）。

（a）字间距：75　　　　　（b）字间距：0　　　　　（c）字间距：-75

图3-33 字体的字间距示意图

3. 对比

"无对比不设计"，品牌包装展示面的版面中如果缺乏对比，就会缺少层次感。

在对齐的基础上可以进行大小、粗细、色彩、疏密、方向、肌理、动静、虚实、行数等对比方式（图3-34）。

（a）大小对比　　　（b）粗细对比　　　（c）色彩对比　　　（d）疏密对比

（e）方向对比　　　（f）肌理对比　　　（g）动静对比　　　（h）虚实/行数对比

图3-34　对比方式的示意图

4. 添加装饰

好的设计总是体现在对品牌包装展示面各信息元素细节的把握上。在具体的设计中，文字信息的编排仅仅遵循对齐、对比、亲密和重复这四大原则是不够的，具体的实践中还可以通过巧妙地添加线条、线框、图标、手写字体以及标签等装饰性元素，来进一步提升设计的精致感和视觉吸引力。这些元素不仅能够丰富品牌包装展示面的层次感，还能帮助消费者更直观地理解和感知设计所传达的信息（图3-35）。

图3-35　添加装饰的示意图

三、文字编排类包装的设计风格

设计风格是一种策略性的视觉表达方式，能够有效地将品牌的核心价值和产品特色转化为具有辨识度和记忆性的视觉元素，从而塑造精致的主体，传达品牌包装形象和产品个性。

文字是最直接、有效的传达信息的方式之一。在品牌包装设计中，以文字信息的编排方式作为包装展示面的设计风格，通常能够突出品牌特色，传递产品信息，建立情感联结，提升品牌忠诚度。

（一）层级编排

这种设计风格通过巧妙地运用不同大小、粗细的文字元素，将信息按照重要性和优先级进行分层展示。较大的字体和粗体通常用于突出显示品牌名称、产品名称或产品卖点等关键信息，而较小的字体和细体则用于次要信息或辅助说明。这种设计风格可以清晰地传达信息层级，使消费者能够迅速捕捉到品牌包装上的核心内容（图3-36）。

层级式文字编排风格需要确保文字之间的协调性和整体美感。包装设计时，应仔细甄别字体、字号和字重，合理安排文字之间的间距和对齐方式，以创造出清晰、有序而具有视觉吸引力的品牌包装效果（图3-37）。

图3-36 凉白开包装｜图片来源：
潘虎设计实验室

图3-37 安宫牛黄丸包装｜图片来源：
喜鹊战略包装

（二）数字主导

这种设计风格通过突出数字元素，以引起消费者的注意并传达特定的信息。数字可能会以粗体、大号字体或其他引人注目的方式呈现，成为品牌包装上最突出的视觉焦点。

使用数字主导风格的品牌包装常用于强调产品的数量、顺序、日期、价格等关键信息，或者与其他设计元素相结合，如鲜艳的色彩、抽象的图形或品牌标志等，以增强整体的视觉效果和品牌形象，用于创建一种时尚、前卫的视觉效果。例如，十点一刻MOMENTEN气泡酒品牌包装易拉罐中占主导地位的元素是产品名称"22:15"，它占据了包装主展示面的整个高度。冒号、数字和一个抽象的彩色物体组成了一张脸。设计成功地在情感层面吸引了目标群体，并以引人注目的方式展示了品牌（图3-38）。

数字主导风格适用于各种产品类型，特别是希望通过数字突出其特点或优势的产品。比如，斑马精酿通过不同的数字来表达不同的口味（图3-39）。

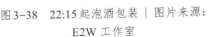

图3-38 22:15起泡酒包装｜图片来源：
E2W工作室

图3-39 斑马精酿包装｜图片来源：
凌云创意

（三）毛笔书法

毛笔字作为中国传统文化的璀璨瑰宝，承载着悠久的历史和深邃的文化底蕴。使用毛笔字塑造主体形象，将其运用于品牌包装的主展示面，不仅能营造出一种独特的复古国风风格，更能传达品牌产品的文化精髓，或者展现品牌所蕴含的古典、雅致的东方美学神韵，尽显中国传统文化的风韵和艺术魅力（图3-40）。

毛笔字体多样，各具特色与风采。例如，篆书字体古雅庄重，隶书字体雄浑刚劲，楷书字体端庄秀丽，行书字体潇洒飘逸，草书字体奔放不羁。在具体设计时，需要根据产品的特性以及品牌形象来精选字体。品牌包装设计不能等同于纯粹的书法艺术，在追求传统韵味的同时，还要确保字体的清晰易读，注重整体排版与布局的和谐统一（图3-41）。

图3-40　定江河白酒包装｜
图片来源：凌云创意

图3-41　泸州老窖国仙酒包装｜图片来源：凌云创意

（四）复古标签

　　复古风格的标签设计具有独特的韵味和吸引力，可以凸显产品的天然成分和经典配方，传递出一种优雅而奢华的品质感，营造品牌产品浓郁的文化底蕴（图3-42）。

　　要打造出文字类复古标签的独特魅力，精心的排版和设计至关重要。首先，需要对字间距、行间距、段间距以及组间距进行细致入微的调整，以确保文字的清晰易读和整体布局的和谐统一。其次，文字与边缘的留白处理也不容忽视，它能够使整个标签更加透气和舒适。在此基础上，通过巧妙运用字体的大小、粗细和色彩变化，可以凸显主体和层级关系（图3-43）。

图3-42　八味益肾丸包装｜图片来源：喜鹊战略包装

图3-43　伏特加包装｜图片来源：PepsiCo

（五）潮流大字

这种风格以醒目的大点位、粗犷的字体为核心，直击品牌或产品的卖点。文字信息内容紧扣品牌或产品的核心价值，同时巧妙地融入幽默元素、网络热词或地域方言，与年轻族群产生共鸣，彰显产品的时代感和趣味性（图3-44）。

这种设计风格常与年轻、前卫、潮流的品牌形象相辅相成，凸显产品的独特魅力和品牌特色。然而，鉴于网络用语和方言的特定文化背景和流行时限，设计时需深入洞察目标受众的文化喜好和流行趋势，确保包装设计既贴切又引人注目（图3-45）。

图3-44　金龙泉啤酒包装｜图片来源：
叁布品牌设计

图3-45　端午礼盒包装｜图片来源：
杭州山外山文化

（六）文字装饰

这种风格巧妙地将图形与文字相融合，使文字跃升为一种独具匠心的图形元素，使之既有文字的精准可读性，又有图形的直观可记忆性。

文字和图形可以互为正负空间。

当文字占据主导，成为正空间时，图形被灵动地融入文字（图3-46）；而当文字退居次席，成为负空间时，可轻盈地漂浮于图形之上，与之形成和谐的对比（图3-47）。图形的选择同样丰富多彩，可以是简洁、抽象的几何形状，也可以是充满生命力的自然元素，抑或是精美繁复的装饰图案、引人入胜的摄影图片，甚至是与品牌或产品紧密相关的特色图形。

图3-46　锦江泉矿泉水包装 | 图片来源：高鹏设计

图3-47　岳阳楼记矿泉水包装 |
图片来源：凌云创意

这种设计风格极具灵活性，根据选择字体的不同，能呈现出或现代简洁，或古典韵味，或自由率性的品牌及产品个性特征。

（七）新闻报纸

这种设计风格主要致敬传统报纸的排版和印刷效果，通过使用醒目的大标题、清晰的多栏布局、简洁有力的字体以及和谐的色块搭配，在视觉上产生强烈的冲击力。这种设计不仅能够唤起人们对过去时代的深刻回忆，更能在情感上与消费者产生共鸣，从而能有效增强消费者对品牌或产品的认知度和好感度。

例如，我爱汉水的瓶标采用老报纸标题样式，多维度展现武汉的人文、景观、方言、小吃等风貌。文字信息结合时事热点和城市文化，可以吸引年轻消费者，利用多元效应和网络文化，提升品牌认同感，促进销售（图3-48）。

还有这款比较特别的矿泉水，直接复刻了日本每日新闻报纸的基本排版内容，给用户一种亲切而有趣的视觉体验（图3-49）。

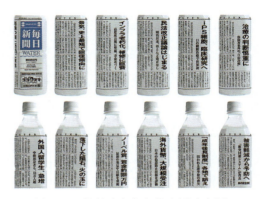

图3-48　我爱汉水纯净水包装 | 图片来源：
璞梵创意

图3-49　报纸矿泉水包装 | 图片来源：
日本设计小站

（八）栅格动画

这是一种致敬栅格动画的设计风格，栅格动画的呈现源于光学原理，它巧妙地运用了视觉暂留的特性。当带有条纹的透明片置于锯齿状图形之上，并随之移动时，线条间产生的干涉效果使得人眼难以分辨细节。这种精妙的视觉干涉，创造出了一种类似动画的动态幻觉。实际上，整个呈现过程就是通过透明片与锯齿图形的相对运动，以及由此产生的视觉干涉，来模拟动画般的动态效果。

这种设计风格打破了纸张印刷包装静态呈现的局限性，不再是单向的信息传递，而是通过非传统的手段和方法吸引受众的注意力，并鼓励受众积极参与和互动，从而共同创造体验。这种参与感和互动性可以增强受众与品牌产品之间的连接，提升品牌认知度和忠诚度。如黎明之眼卸妆油是一款针对社群电商销售的化妆品，高鹏设计以汉方中医中药材名称的字体作为切入点，分别设计角鲨烷、白池花、霍霍巴、仙人掌、覆盆子五组文字，在消费者打开产品包装外部栅格封套时，产品的原材料以动画的形式逐一呈现。这套设计在纸质媒介载体上将文字动态化，让产品包装设计兼具互动性和趣味性，既体现了产品优势特征，又便于快速建立消费认知（图3-50）。

观看动态效果

图3-50　黎明之眼化妆品包装丨图片来源：高鹏设计

设计风格是塑造品牌包装精致主体的重要手段。构成主体的元素既可以是图形图像，也可以是文字，还可以是色彩，所以，上述的设计风格有些同样也适用于以图形图像或色彩为主的设计主体。比如，NORD STREAM 腌制食品的包装也是一款利用栅格动画风格的设计。该品牌包括五种不同的口味：沙丁鱼、熏贻贝、螃蟹、章鱼、鱿鱼。这套包装也是通过客户在开启包装并拉动包装外盒的过程中，让包装外盒上绘制的海里的各种动物图形呈现不停游动的样子，非常生动且具有趣味性（图3-51）。

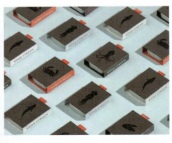

观看动态效果

图3-51　NORD STREAM 食品包装｜图片来源：LOCO Studio

第三节　图形图像类的包装设计

一、图形图像的基本认知

图形图像不仅仅局限于计算机语言或技术范畴，更是一种广泛和通用的视觉表达方式。随手的涂鸦、严谨的图表、精心拍摄的一张照片、无意识地在纸上划过的一根线，这些都是以各种形式呈现的图形图像。

（一）定义与分类

图形。通常是指由线条、形状、色彩等视觉元素组成的抽象表示，是二维空间中可以用轮廓划分出的空间形状，它们并不直接对应于现实世界的物体，但可以传达特定的信息或概念。图形具有抽象性、创意性的特点，图表、符号和标志都属于图形。

图像。通常指代具体的、可视化的表示，是对三维空间真实世界物体的直接复制或艺术化的再现。图像具有具象性、写实性的特点，照片、绘画都是图像的例子。

（二）品牌包装图形图像的重要性

"图形无国界""一图表千意"，与文字相比，图形图像更能跨越语言和文化的障碍，与观者形成情感共鸣，实现信息的快速传播。

在品牌包装设计中，图形图像扮演着重要的角色。眼球追踪研究、购买行为研究、神经科学研究等多项研究表明，具有吸引力和独特性的包装图形图像能够激活大脑中的奖赏中心，往往能够更快速地吸引消费者的注意力，提升品牌产品吸引力，从而引发消费者的购买欲望。

二、图形图像表现形式概览

图形图像涵盖的范围非常大，其表现形式也多种多样。本教材从品牌包装设计的角度切入，介绍在品牌包装设计中主要涉及的基本图形图像的表现形式。

（一）几何图形

几何图形是通过简化和概括，从实物中抽象出来的点、线、面以及由它们组合构成的更为复杂的图形（图3-52）。

基于图形的空间性质，可以把几何图形分为立体图形和平面图形。其中，各部分不在同一平面内的图形叫作立体图形，如具有三维空间特征的正方体、圆柱体等，包装容器就是立体图形；而平面图形则是各部分都在同一平面内的图形，如具有二维平面特征的三角形、圆形、方形等。

基于图形的复杂性和抽象程度，可以把几何图形分为基础图形和抽象图形。

简单的、规则的和易于理解的点、线、面、圆形、正方形、三角形、椭圆形、矩形、六边形等图形就是基础图形，是构成其他复杂图形的基本元素。通过基础图形，几乎可以做出千变万化的组合。其形式心理特征为庄重、硬

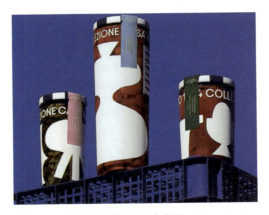

图3-52　酱料瓶包装｜图片来源：Auge Design

朗、有力度，能传达出一种强烈的理性和冷静的视觉感受。

而抽象图形是指复杂的、不规则或无法言表的图形，它们可能是将具体物体抽象化，也可能是由基础图形通过删减、组合等方式产生的。抽象图形往往具有很强的个性和创新性，在表达情感和营造意境方面有独特的优势，能引发观者的联想和想象，产生趣味性和高级感，诱发情感共鸣。

抽象和具象图形是相互转化的。如日本消费品零售商爱速客乐（ASKUL）针对现代日本家庭厨房环境，推出一套限量版的储物与清洁产品系列包装。该设计注重与厨房日常美学的和谐统一，设计师从厨房常见用具中汲取灵感，运用简约现代的几何图形设计，结合牛皮纸等原材料，呈现出简约北欧风格的包装设计，使产品能够无缝融入现代家庭厨房，提升整体美学感受（图3-53）。

几何图形具有简洁、明快的特点，在品牌包装设计中可以创造独特、现代的视觉效果。如鹿啄泉新鲜矿泉水包装设计，使用蓝色的大而醒目的水滴状的几何图形作为包装的主要视觉元素。设计的蓝色水滴形的超级符号非常吻合品牌产品的特性（图3-54）。

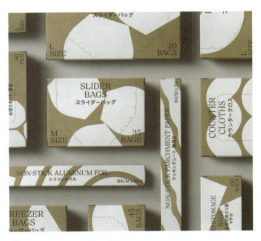

图3-53　ASKUL系列包装｜图片来源：
Bold Scandinavia NoA, CPH

图3-54　鹿啄泉矿泉水包装｜图片来源：
靳刘高设计

（二）装饰图案

作为一种实用和装饰并存的艺术形式，装饰图案主要侧重于平面的描绘与表达，蕴含着丰富的装饰意味的纹样和色彩。与绘画相比，装饰图案更强调形式美感，通过对自然形态或对象的主观性概括与描绘，呈现出单纯化、平面化、程式化和秩序化的艺术特征。

装饰图案是理想化思维的自由展现。从题材的甄选到内容呈现，对形象的造型处理都致力于展现理想化、美好的一面。在装饰图案的世界里，不同时空背景下的人、景、物都能够和谐共存于同一个画面之中。

例如，卓清速溶茶的包装设计紧密结合年轻消费者的审美需求，成功打造出一款融合时尚新潮元素与中国传统文化精髓的包装。设计中巧妙运用云南的植物、风光和建筑等地域文化元素，通过现代装饰图案的手法进行艺术再现，构建出一个自然与人文完美融合的生态世界，呈现出朦胧而悠远的诗意境界（图3-55）。

装饰图案的种类多样，其中中国传统图案中的吉祥图案很值得汲取灵感、深入探究并传承其精髓。它们通过象征、寓意和谐音等手法，寄托着人们对美好生活的向往和追求。

例如，上海莱宝啤酒推出的"喜福发"系列产品的包装设计深度融合了中国传统吉祥文化与啤酒酿造艺术。其中，"喜上眉梢"比利时白啤，以喜鹊和梅花为元素，再现了古典吉祥图案的韵味，寓意着喜悦与幸福；"五福临门"酒花皮尔森黄啤酒，则通过飞翔的蝙蝠和富贵花，巧妙地表达了五福齐聚的美好愿景，体现了设计的精致与创意；"连年有余"牛奶世涛黑啤酒，运用鲤鱼和莲花，传递出生活富裕、年年有余的祝愿。这一系列设计不仅生动展现了啤酒酿造的故事，更通过吉祥图案与酿酒器具的结合，引发人们对美好生活和进取精神的无限联想（图3-56）。

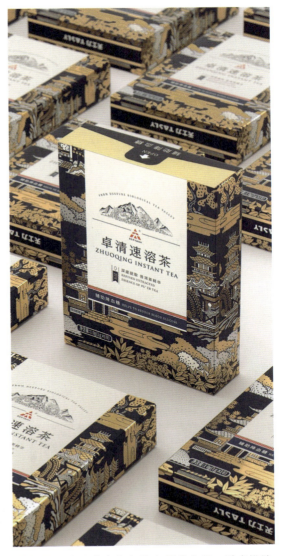

图3-55 卓清速溶茶包装 | 图片来源：潘虎设计实验室

图 3-56　喜福发系列包装｜图片来源：站酷什莫平面设计工作室 simofeng

（三）肌理图形

肌理自身是一种视觉形态，在自然现实中依附于形体而存在，呈现出纵横交错、高低不平、粗糙平滑的纹理变化。它自然存在，也可以人为创造。

自然存在的肌理指的是物体表面的纹理结构给人的视觉或触觉质感，如光滑或粗糙、柔软与坚硬等。

不同材质制造出的包装容器拥有不同的真实触感和使用功能，不同的纹理变化能传达出不同的情感、氛围和风格等信息。如 Vinho do Mar 的葡萄酒瓶身图案设计独具匠心，其设计呈现源于大西洋的馈赠。设计师将酒瓶沉浸于葡萄牙阿连特茹海岸的海水之中，历经长达 10 个月的自然雕琢。在特定的温湿度环境中，酿造的葡萄酒以独特的方式熟成。瓶身的图案，则在时间与海水的共同作用下，呈现出了令人叹为观止的艺术效果（图 3-57）。

品牌包装平面中所使用的肌理，是一种人为创造的视觉上的肌理，而非触觉肌理，可以称为肌理图形，是利用不同的笔触、墨色和纸张等因素来模拟不同的材质和纹理，以增强设计的视觉效果和吸引力，引发情感共鸣，提升产品的品质和价值。如图 3-58 所示的 Stoic 抛弃型手套设计包装，以凸显产品高耐用性为核心设计理念，通过视觉元素直观传达手套在各种挑战下的优越表现。包装平面肌理巧妙地

图 3-57　Vinho do mar 包装｜图片来源：
RitaRivotti® Premium Packaging Design

图 3-58　Stoic 抛弃型手套包装｜图片来源：
OTVET DESIGN

模拟了手套材质的视觉效果，并展示了一个看似即将刺破表面却实际未破的尖锐物体，以此强调手套的强韧性与拉伸性。

此外，肌理图形还可以模拟彩墨的搅拌、木材纹理、竹编图案等多种效果。

（四）商业插画

商业插画通过独特的创意和精湛的绘画技巧，将商业信息以直观、生动的形式呈现给消费者，从而引起消费者的兴趣和共鸣。它与绘画艺术有着千丝万缕的联系，许多表现技法都是借鉴了绘画艺术的表现技法（图3-59）。

图3-59　Bizarre 包装｜图片来源：Elisava, Facultat de Disseny i Enginyeria de Barcelona

以商业目的为导向的商业插画在品牌包装设计中具有强大的表现力。包装插画为品牌产品服务，以突出产品特点、表达品牌产品属性或者功能卖点，吸引消费者注意，为消费者提供情绪价值为目标。

根据品牌调性，包装插画需要选择合适、匹配的风格，满足不同商业需求和审美倾向，确保视觉效果的统一性和和谐性。

1. 写实插画

在品牌包装设计中非常常见，它真实地展现了物体的形态、质感和细节，使消费者能够直观地理解产品所要传达的信息。这种风格广泛应用于各类产品，尤其适用于那些需要凸显产品特性和优势的商品。

如图 3-60 所示，这套谷物面包店的品牌包装便巧妙地运用了写实插画。包装盒上的插画独具特色，不仅生动地再现了维多利亚时代的文化氛围，更通过细致入微的描绘，将花卉植物和充满活力的色彩完美融合，同时无形中映射出每一款产品所具有的原料品质及独特品味。

图3-60　Fudges品牌包装设计 ｜图片来源：大鱼设计

2. 抽象插画

这种风格的包装插画以其对色彩、形状和线条的组合与运用，打造出别具一格的视觉效果。这种插画风格不仅能够激发消费者的联想和想象，更为产品赋予了独特的文化韵味和品牌特性（图3-61）。

如图3-62所示，这套杜松子酒的限量版系列包装设计，紧扣"不动声色出国旅行"的主题概念，通过4种风格迥异的标签插图，精妙地捕捉并展现了每个目的地的独特魅力。以视觉为媒介，传达出一种不动声色的精神解放感，使消费者在品味美酒的同时，仿佛能够摆脱一切束缚，奔向一个更加广阔且充满活力的世界。

抽象插画适用于表达抽象概念、传递情感或营造特定氛围的产品包装（图3-63）。

图3-61　Freely 包装 ｜
图片来源：Elisava

图3-62　Siegfried Rheinland 酒包装 ｜
图片来源：创客公司

图3-63　Hope 乒乓球
包装 ｜图片来源：符天
佑、陈纬霖、梁静/指
导：石靓迪、江韵竹

3. 卡通插画

这种风格的包装插画常用于食品、饮料、玩具等产品的包装设计，凭借其简洁、夸张和幽默的特点，以及鲜艳色彩和生动形象的运用，深受各年龄层消费者的喜爱。特别是儿童用品包装上的卡通风格的插画能够引起孩子们的兴趣和喜爱，增加产品的亲和力（图3-64）。

以非营利项目Cute Cure志愿行动推出的Cute Cure医疗套装为例，该项目通过运用卡通插画风格的包装设计，为接受长期医疗护理的儿童提供了一种全新的用药体验。这款医疗套装以动物为主题，设计了12种不同的封套来放置各种药物，每种封套上的卡通动物形象都充满趣味和活力，为孩子们提供了情感上的安慰和激励。此外，这款包装还可重复使用，既环保又经济，符合可持续发展的理念。值得一提的是，Cute Cure医疗套装的包装设计还兼具多种功能。除了作为药物储存器外，其纸质玩偶和房间装饰的功能也能为孩子们带来额外的乐趣。每个包装上还特意留有一个涂色空间，让孩子们可以将可爱的"Cute Cure"故事角色变成自己心中的英雄，这一设计无疑为孩子们的艺术治疗提供了有力的支持（图3-65）。

图3-64　圣诞包装｜
图片来源：SGK

图3-65　Cute Cure医疗套装包装｜图片来源：Cute Cure志愿行动

（五）商业摄影

商业摄影以其精湛的技艺，通过巧妙的构图、光线的细腻运用以及精细的后期处理，能够真实且精准地展现产品的外观、质感和每一处微小细节。这种展现不仅凸显了产品的独特特征和卖点，更大幅提升了包装的视觉吸引力，使产品在众多竞品中能够脱颖而出（图3-66）。

此外，商业摄影的独特之处在于它能够捕捉与品牌紧密相关的真实场景和人物，将这些元素融入包装设计之中。这样的设计为品牌注入了丰富的情感元素和故事性，使得消费者与品牌之间建立起深厚的情感联系，进而提升品牌忠诚度，有效地推动了产品的销售。

值得一提的是，随着技术的不断进步，AI生成、图片合成、3D建模等高质量的渲染图像开始被广泛应用于包装设计之中。这些新技术在某些情况下成为商业摄影的有效替代或补充，为包装设计带来了更多的可能性和创新空间（图3-67）。

图3-66　PICK UP！饼干包装｜图片来源：
Auge Design

图3-67　Cities of the Future 2220包装｜图片来源：
Butterfly Cannon

三、图形图像类包装的设计风格

大脑对视觉信息处理有天然优势，使得图形图像能被迅速理解和吸收，其直观性和生动性能吸引观者的注意力，为其带来愉悦感。图形图像具有通用性的特点，能够跨越语言文化障碍，激发情感和想象力，引起消费者的情感共鸣。因此，在品牌包装的设计中，图形图像常被刻画为设计的主体。

（一）致敬经典

经典之所以永恒，就在于它们凝聚了时代的精华，成为文化的里程碑。尽管新的设计潮流和技术层出不穷，经典的核心价值却历久弥新。致敬经典，旨在从中获得灵感，并将其融入现代创作之中，让经典的魅力永续流传（图3-68）。

"磁力积木"的包装设计独具匠心，既体现了荷兰风格派大师蒙德里安（Piet Cornelies Mondrian）的几何抽象元素，又巧妙融入了简洁直观的像素图形元素，再现了经典之作《红、黄、蓝的构成》的精髓（图3-69）。

The Scream插线板设计的灵感来自爱德华·蒙克（Edrard Munch）的《呐喊》。包装巧妙地将插头和USB端口匹配起来，演绎出一张有趣的脸，将沉闷的充电口包装变成了一个有趣的图形。经过模切和折叠，包装可以包裹住电线和插头，既为产品提供了牢固的保护，又能在挂架上展示。消费者在使用中来回移动插头组，图形的面孔就会发生变化（图3-70）。

概念性薯片品牌Munchy的包装设计同样汲取了蒙克经典画作《呐喊》的灵感。包装上五彩斑斓的图案不仅区分了不同的产品系列，还巧妙地借鉴了蒙克画作中那流动的色彩哲学。特别是"Fiery Hot"口味的包装，上面的尖叫人

图3-68 良辰月·舞金樽包装 | 图片来源：
潘虎设计实验室

凤凰、三耳兔、翼马、九色鹿、飞天等元素从千年前的敦煌飞奔而来，这些元素层层叠加，围绕成中心的月圆，如同一条"时光隧道"，开启悠悠千年的声色传奇，既点题中秋，又充满了满满的艺术气息。传承不是简单复刻，而是要有新的创意。插画的配色来源于对风化之前的壁画极尽璀璨的设想，在部分元素的处理上采用鎏金工艺，以极富装饰性和层次性的美感，将敦煌传统元素与现代工艺相结合，通过中秋礼盒给消费者带来美好的感受。

图3-69 磁力积木包装 | 图片来源：斯道拉恩索

该设计的核心在于其由像素化的小方块组成，这种设计风格与磁力积木产品的特性相得益彰，共同展现了童趣、和谐与多变的造型魅力。体现了秩序美和怀旧情怀，激发了人们的无限想象。

动态效果

图3-70 The Scream 插线板包装 | 图片来源：
TEST RITE TRADING

物形象直接致敬了《呐喊》中的经典形象（图3-71）。

（二）微缩景观

微缩景观是一种常见于园林、室内装饰、展览等多个领域，将真实世界的广阔景观按比例浓缩，并精准地展现在有限的空间内，既保留了原景的

图3-71　Munchy"呐喊薯片"概念包装｜图片来源：食品包装设计欣赏

精髓，又增添了观赏趣味性的设计手法（图3-72）。

在品牌包装的设计中，微缩景观作为一种独特而富有创意的设计手法，为塑造设计主体提供了全新的视角（图3-73）。

借助微缩景观手法，设计可在微观与宏观之间灵活穿梭，巧妙融入"一花一世界"的哲学理念。此手法在物体呈现上打破常规比例，创造出视觉上的独特性，为品牌包装注入无穷创意与活力。这种设计不仅提升了品牌的吸引力，更在细节中展现了设计的匠心独运。具体运用时，还可以颠倒自然界中的正常比例关系，如将粽子化为壮丽山川，远方龙舟竞渡成景，以中国广袤山水为题，展现了独特的艺术魅力（图3-74）。

汉水硒谷（图3-75）和长白雪（图3-76）这两款矿泉水的包装设计有异曲同工之妙，其设计主体都是将水源地的生态环境和珍稀动物的形象相结合，采用微缩景观的同构手法，形成了一组既独特又富有视觉冲击力的视觉符号。

图3-72　尖岗山矿泉水包装｜图片来源：年轻灵动设计工作室

图3-73　清远连山黑山大米包装｜图片来源：余子骥设计事务所

图3-74　祥禾粽包装｜图片来源：澜帝品牌设计

图3-75　汉水硒谷包装｜图片来源：凌云创意

　　这套设计以秦岭的生态环境为基础，巧妙融合了"秦岭四宝"——大熊猫、朱鹮、金丝猴、羚牛的形象。远观之下，动物形象栩栩如生，易于辨识；近看则能发现画面中精致描绘的植被、水流、山石等环境元素，这些细节的处理增强了画面的层次感和立体感，使得整个设计更加生动逼真。

图3-76　长白雪包装｜图片来源：农夫山泉

　　长白雪矿泉水的包装设计，特别选取东北虎、花栗鼠、松雀鹰以及中华秋沙鸭这四种代表性动物作为插图主角，不仅因为它们与长白山有着不解之缘，更因为它们象征着这片土地上的生机与活力。这样的设计不仅凸显了长白雪矿泉水与长白山野生动物的紧密联系，更进一步强调了这款矿泉水的天然、纯净与珍贵。

（三）混维二元

　　在品牌包装设计中混维元素的运用指的是将不同维度（如二维和三维）的视觉效果同构在一起，或者采用两种以上相反或互补特性的元素或成分。这种混维使用旨在创造出独特的视觉效果和更加丰富的感官体验。如Nikita设计的这款意面包装，其将意大利面与金发女郎的形象相结合。以女郎的面部作为包装的主体，而其金发则通过镂空开窗的创意手法，由形态各异的意大利面精致组成（图3-77）。发酵机动队果酒包装瓶身设计将水果元素的抽象几何图形与童趣盎然的水果潮玩公仔元素精妙相融。这种结合增添了酒瓶的趣味性，既有装饰功能，又有情感连接（图3-78）。

　　二元性元素通过呈现事物的对立面来揭示复杂性和多样性，利用这种对比吸引观众，能够增强设计的视觉效果。它传达事物内在的多面性，强调对立面的相互依存。在设计中，二元性元素常被用于表达抽象概念，如阴阳、男女等，或创造视觉上的冲突与对比。昼与夜品牌包装中巧妙运用了二元性元素，其商标设计灵感来源于地球自转，象征着昼夜不息的循环变化。包装上强烈对比的昼与夜像是山脊的两侧，动物插画分别以白天的实体形态和夜晚的星座形态呈现（图3-79）。

图3-77　意面包装｜图片来源：　　　图3-78　果酒包装｜图片来源：　　　图3-79　昼与夜品牌包装｜
　　　　　Nikita　　　　　　　　　　　　　　百变酒业　　　　　　　　　图片来源：Backbone Branding

（四）形态拟人

形态拟人的设计风格在品牌包装中的运用，是将非人类元素如动物、植物等自然物体以及建筑、用具等人造物体描绘成具有人类特质或情感的形态，赋予非人类事物人性化的特征和形象，以增强品牌包装的亲和力、趣味性和吸引力，进而与消费者建立更深的情感联系。

通过夸张、变形、抽象等设计手法突出品牌产品的特点。例如，可以赋予非人类元素人类的表情、动作或服饰，使其呈现出拟人化的形态。这样的设计不仅令人感到新奇有趣，还能通过视觉上的冲击力吸引消费者的注意力。

在Backbone Branding的创意宇宙中，核桃、榛子、花生、番茄干、无花果干、腰果、杏仁等坚果不再只是食物，而是化身为守护人类免疫系统的英雄卫士，是免疫战场的英雄们：戴防弹头盔的榛子战士、留小胡子的花生骑兵、配防风镜的梨子飞行员以及红脸颊的桃子医疗兵等。这些"身体的免疫战队"成员，富含增强免疫力的营养物质，帮助人们抵御垃圾食品的侵害。这些坚果英雄的设计巧妙地融合了多样性与共通性，坚果英雄们戴着不同时代的头盔或帽子，传递出无论种族、地域，人体机制相同的信息，强调其守护作用的普适性。其形象简约却富有力量，留足了想象空间，激发消费者联想。例如，坚果的下半部酷似下巴，皱纹暗示鼻子，简单添加胡须或发饰，便栩栩如生。包装细节同样考究：粗体字凸显品牌名与产品特色，整齐排列的营养信息一目了然，上方的"I PROMISE!!!（我承诺！！！）"彰显品质自信。红色的封签不仅提示"开封即食"，更如英雄旗帜，确保食品品质。整体设计既实用又富有情感共鸣，让健康选择变得简单而有趣（图3-80）。

这种设计的核心在于创造富有个性和情感的形象，使其能够与消费者产生共鸣。通过拟人化的手法，品牌包装被赋予生命力和情感色彩，成为一个能够与消费者进行互动和沟通的角色。这种设计风格不仅能够提升产品的吸引力和竞争力，还能为品牌塑造独特的形象和个性。如，为了突出 Tomacho 品牌的西红柿与众不同，Backbone 给品牌产品打造了"西红柿族长"的形象。在这个大家族中，每一个西红柿的成长路程，都有族长保驾护航，所以家族出品的酱料的品质便得到了保证（图 3-81）。

品牌包装设计还可以借助形态拟人的手法巧妙地融入教育意义，如图 3-82 所示，这款 I LOVE ESKIM 冰激凌包装变身为学习小白板，介绍各行业的杰出人物。这样的设计既向伟人致敬，也为孩子提供了成长榜样，平衡了教育性与视觉吸引力，使品牌包装既美观又富有教育意义。

图 3-80　Hero's 坚果包装 |
图片来源：Backbone Branding

图 3-81　Tomacho 酱料包装 |
图片来源：Backbone Branding

图 3-82　I LOVE ESKIM 包装 |
图片来源：Backbone Branding

（五）元素底纹

品牌包装设计中的元素底纹风格，是利用图案、纹理、色彩等多种造型元素，巧妙地铺满整个版面，为包装打造独特而引人入胜的底层视觉感受（图 3-83）。元素底纹的设计风格常常搭配标签式构图（图 3-84）。

这种设计风格不仅多变灵活，还具备广泛的适应性，能够根据不同产品特性和品牌形象的需求进行底纹元素的打造。

在设计过程中，可以根据产品的属性、品牌形象及市场需求，精心挑选和组合诸如几何图形、自然纹理、抽象图案、手绘插画甚至是摄影图形等元素。这些元素通过重复、叠加、渐变等设计手法，可以形成丰富且和谐的底纹效果，为包装增添独特的层次感和立体感，凸显设计主题（图 3-85）。

设计时需要注意整体协调性和平衡感。选择的元素应与设计主题相契合，并与其他设计元素和谐搭配，避免过于复杂或喧宾夺主，以确保包装的整体视觉效果既美观又易于辨识。

图3-83 化妆品包装｜图片来源：ESTEE LAUDER COMPANIES

图3-84 瑞幸咖啡包装｜图片来源：潘虎设计实验室

图3-85 轻食品牌包装｜图片来源：CHANCEMATE TECH

（六）单色线条

这种设计风格通常只采用一种颜色或相近的色调进行设计，使整个品牌包装看起来统一而协调。这种色彩处理方式不仅能够减少视觉上的复杂性，还能够突出线条的表现力，增强视觉冲击力。

品牌包装中常用的单色线条处理方式有涂鸦、版画、素描、白描等样式。

涂鸦式的特征为随性的线条和个性化的图案，充满活力和创意，可以为产品增添一分年轻、时尚和前卫的气息，吸引目标受众的注意力。同时，涂鸦风格的包装设计也传递着一种自由、反叛和创意的品牌形象，与一些年轻、潮流或创意产品相得益彰（图3-86）。

版画式的风格借鉴了传统版画制作的手法和特点，为品牌产品赋予了独特的视觉风格和审美价值。常运用线条的粗细、纹理的层次、色调的对比等元素来表现版画的独特韵味，使品牌包装呈现出复古、文艺的风格特点。能为产品增添一分文化底蕴和品质感（图3-87）。

素描式的风格借鉴了素描绘画的技法和表现形式，通过运用线条的轻重、粗细、浓淡等变化，以及黑白灰的色调关系，来描绘和表现图形元素（图3-88）。

白描式的风格借鉴了中国传统绘画的描绘手法，以简洁的线条为主要表现手段，通过线条的粗细、曲直、虚实等变化，来描绘出物体的形态、结构和纹理等特征，可以为包装增添一分优雅、高贵和文艺的气息，传递出一种传统、文化和历史的底蕴，与一些具有中国特色或传统文化内涵的产品相得益彰。

　　单线设计风格中使用的线条也可以换成有颜色的线条，或者在大面积的单色线条组成的画面中，增加一些点缀色。

图3-86　ERGON Water 包装｜图片来源：Boo Republic

图3-87　青岛啤酒白啤包装｜图片来源：潘虎设计实验室

图3-88　韩井酒包装｜图片来源：甲古文创意设计

（七）华风新尚

　　这是一种融合传统与现代风格的新中式元素，其植根于中国传统文化，将千年的历史积淀与现代审美相结合，让古老的传统文化注入了新的活力，使其更加贴近现实、时尚动人。这种文化的传承不仅让传统文化焕发新的光彩，也为品牌包装注入了独特的文化韵味，使其在市场上更具吸引力（图3-89）。

图3-89　三只松鼠粽礼包装｜图片来源：喜鹊战略包装

　　中国元素丰富多彩，涵盖了器物、行为、观念等文化形态，以及诗歌、神话、史诗等文学作品，还包括音乐、舞蹈、戏剧等艺术作品。此外，民族习俗、人生礼仪、岁时活动以及传统手工艺技能等也是中国元素的重要组成部分。这些元素不仅代表着中国人的审美情趣和智慧结晶，更蕴含着深刻的生活哲学。在品牌包装设计中，这些元素可以发挥巨大的作用，为产品赋予独特的文化内涵和市场竞争力（图3-90、图3-91）。

然而，需要明确的是，华风新尚并不等同于中国风格。中国风格更注重传统的呈现，而华风新尚则是一种传统与时尚的融合。它运用新奇有趣的设计语言和图形图像，对传统元素进行简化、分解和重新组合，创造出崭新的图案形象和视觉效果。在色彩搭配上，华风新尚追求复古韵味，常采用鲜艳而富有东方美学的配色方案，如红绿、红黄、红蓝等，整体呈现出高饱和度的色调关系。此外，华风新尚风格在字体选择上也独具特色，多使用粗壮直接的字体，营造出浓郁的艺术氛围。通过这种融合与创新，华风新尚的风格让传统文化元素焕发出新的生机与活力，成为当下品牌包装设计的一股新潮流。

图3-90　东游记白酒包装｜图片来源：
甲古文创意设计

图3-91　东游记啤酒包装｜图片来源：
甲古文创意设计

东游记白酒包装选取了中国传统文学的经典之作《西游记》作为设计灵感。通过将唐僧师徒四人的戏剧脸谱形象以抽象马赛克的艺术手法呈现在白酒包装上，巧妙地将中国戏曲、古典文学和传统白酒这三大文化元素融为一体。这种融合不仅展现了时尚、新颖的设计风格，更凸显了产品的文化底蕴和艺术价值，为消费者带来了全新的视觉和文化体验。

东游记啤酒包装同样选取了《西游记》作为产品故事原型。将唐僧师徒4人和异域风景通过现代插画的形式生动有趣地再现在品牌包装上。人物寄情于山水之中，自得其乐。同时，将品牌名称和产品信息融入插画场景中，使得整体设计既诙谐有趣，又不失品牌识别度。这种富有趣味性的故事叙述插画手法为产品与消费者之间搭建了一座情感桥梁。

（八）图文穿插

这是将文字与图像元素巧妙地结合在一起，形成了一种既具有信息传递功能又兼具艺术美感的设计形式（图3-92）。

在这种设计风格中，文字不再仅仅是说明或注解的作用，而是与图像相互融合、相互映衬，共同构建出一个整体的视觉效果。文字可以变形、扭曲、叠加，甚至与图像中的元素产生互动，形成一种独特的视觉冲击力。同时，图像也不再是简单的背景或装饰，而是与文字相互呼应，通过色彩、形状、线条等视觉元素，共同营造出一种特定的情感或氛围。这种设计风格可以激发观者的兴趣和好奇心，引导他们更深入地理解和感受设计所传达的信息（图3-93）。

图文穿插的设计风格具有极强的灵活性和可塑性，可以根据不同的设计需求和主题进行变化和调整。

图3-92　谷物早餐包装 ｜图片来源：
Matt Grantham

图3-93　寻味乡村品牌包装 ｜图片来源：
壹点设计

（九）纸雕艺术

这种设计风格巧妙地利用纸张的可塑性，结合切割、折叠、雕刻等多种技艺，将平面的纸张塑造成立体或半立体的形态。这种转化不仅赋予了包装更丰富的层次感和空间感，也极大地提升了其视觉效果，能够有效地传达出这些品牌产品的核心价值和独特魅力（图3-94）。

这种风格比较适合追求自然、环保、手工艺或高端品质感的产品，通过精湛的雕刻工艺，能够细腻地展现出精美的细节和复杂的图案。这不仅为包装增添了一份独特的艺术性，还带来了手工制作的温暖与匠心独运的质感（图3-95）。

图3-94　杨晋记豆豉包装 ｜图片来源：
鼎尚天成

图3-95　桂花树下酒包装 ｜图片来源：
g.d.partner

（十）拟物造型

品牌包装设计中的拟物造型设计风格是一种将品牌产品的特性与自然物或人造物品的形态相结合的设计方法。拟物造型设计风格往往能够引发消费者的情感共鸣。通过模拟人们熟悉和喜爱的物体，品牌包装能够与消费者建立情感联系，增强消费者对产品的好感度和忠诚度。通过模拟真实物体的形态、质感和细节，创造引人注目、富有情感和故事性的包装，从而吸引消费者的注意并增强品牌形象（图3-96、图3-97）。

图3-96　金龙泉礼盒包装｜图片来源：
叁布品牌设计

图3-97　Adidas鞋盒包装｜图片来源：
Anomaly

如柑橘普洱茶的包装设计，设计灵感源于竹节。整个包装材料为环保纸，通过采用特殊的纸张纹理和印刷工艺，使包装呈现出类似竹材的质感。中国人将竹节描述为"节节高"，象征着上升和对美好生活的期待，这意味着他们的生活一年比一年好。竹节内敛的气质很符合柑橘普洱茶的气质（图3-98）。

灯笼，作为中华民族传统喜庆与祥和的象征，深深植根于中国民俗文化之中。张裕牌葡萄酒以此为灵感，塑造强有力的民族符号，大胆注入新中式元素，既有东方魅力而又新奇，打破消费者对红酒的固有认知构建具有国韵的红酒文化生态圈。灯笼记这款葡萄酒的设计巧妙地融合了盛唐长安的经典场景，通过瓶身的图案展现出那段辉煌历史的缩影。瓶身采用玉石般质感的材质，不仅提升了品牌产品的价值感，更赋予其一种典雅而高贵的东方韵味（图3-99）。

拟物造型不仅要追求外观的独特与吸引，还要综合考虑生产成本、运输便利性和实用性等因素（图3-100）。

生产成本是产品从设计到问世的首要考量点，过高的成本可能会使产品失去市场竞争力，因此，需在创意与成本之间找到微妙的平衡。

运输的便利性也不容忽视。从包装的尺寸、材料选择到结构设计，都需要充分考虑其在运输过程中的稳定性和便捷性。

而实用性则是检验设计是否贴近用户需求的根本标准。包装不仅要保护产品，还要方便用户开启、使用和存储。一个好的拟物造型是能够在日常使用中给予消费者便利和舒适的体验（图3-101）。

因此，品牌包装的设计需要综合考虑各种因素，确保包装既具有吸引力又符合实际需求。

图3-98　柑橘普洱茶包装｜图片来源：Shenzhen Polytechnic

图3-99　张裕·灯笼记｜图片来源：甲古文创意设计

图3-100　Beaky 洗护用品｜图片来源：Nikita Gavrilov

图3-101　小恐龙洗护组合｜图片来源：浙江 Xier

第四节　缤纷色彩类的包装设计

色彩在品牌包装设计中扮演着至关重要的角色。色彩心理学、品牌形象塑造等研究表明，在构成品牌产品包装的所有元素中，色彩往往能最先触发人们的情感反应，以其直观且强烈的视觉冲击力激发消费者的购买欲望。

在进行品牌包装设计时，应精心选择与搭配色彩，以引发消费者的情感共鸣、传递象征意义、确保视觉舒适度并实现色彩平衡。通过巧妙的色彩运用，品牌能够与消费者建立有效的沟通，传递核心信息和情感联系，进而提升产品的整体美感和市场竞争力。

一、缤纷色彩的基本认知

（一）色彩的类别

丰富多彩的色彩世界可以分成两大类别，即无彩色系和有彩色系。

1. 无彩色系

是指只有黑、白色以及由黑、白色通过不同比例混合所得到的各种深浅不同的灰色系列。它们不包含任何色相，只具有明度和纯度两种基本属性。所以无彩色系被看作色彩世界的"基础元素"。具有简洁性、基础性和广泛的应用性，可以用来平衡和调和复杂的色彩组合，也可以用来创造简洁、现代和优雅的视觉效果。

2. 有彩色系

涵盖了所有具有明确色相的颜色，如红、橙、黄、绿、青、蓝、紫等。有彩色系的颜色具有色相、明度和纯度三种基本属性，具有丰富的视觉表现力和情感联想，能够激发受众的情感共鸣和视觉兴趣。

（二）常用术语解析

以下是品牌包装设计中涉及的一些关于色彩设计方面常用的术语。

1. 色相

色彩的基本属性之一，通常理解为颜色的种类，如红、橙、黄、绿、青、蓝、紫这七大基本色相。每种色相都有其独特的视觉、心理感受以及象征意义，能够引发不同的情感反应。在品牌包装设计中，合理选择色相可以突出主题、营造氛围，增强视觉冲击力。

2. 明度

颜色的明亮程度，是颜色从黑到白的变化程度。它影响着色彩的深浅和层次感。高明度的色彩给人轻盈、明亮的感觉，低明度的色彩则显得沉稳、厚重。在品牌包装设计中，通过调整色彩的明度，可以创造出丰富的层级关系，突出重要信息。

3. 纯度

又称饱和度，是指颜色的鲜艳程度。鲜艳、强烈的高纯度色彩会引人注目；而低纯度的色彩则显得柔和、淡雅。在品牌包装设计中，纯度的运用能够影响包装的情感表达和氛围营造。

4. 色调

是指一组颜色所呈现的总体倾向，它综合了色相、明度和纯度等因素，形成了色彩的整体特征。不同的色调可以引发不同的情感反应和视觉感受，如明色调给人温暖、活力的感觉，而暗色调则显得冷静、沉稳。在品牌包装设计中，选择合适的色调是营造氛围、情感表达的关键因素。

5. 色彩对比

是指两种或多种颜色在视觉上的相对差异。这种差异可以体现在色相、明度、纯度或色调上。强烈的色彩对比能够产生鲜明的视觉效果，吸引注意力；而柔和的对比则给人带来和谐、统一的感觉。色彩对比可以突出重点、引导视线，营造氛围，增强品牌包装的层次感和视觉冲击力。

6. 色彩平衡

将不同的颜色进行组合，使之形成和谐、稳定的状态。通过合理调配色相、明度、纯度和色调等属性，对颜色的分布、对比和层次感的调整，实现色彩之间的平衡，避免视觉上的冲突和混乱，确保整体视觉效果既统一又协调。

7. 色彩心理

是指颜色对人类情感、认知和行为产生的影响。这种影响往往是由颜色的物理属性（如波长、亮度等）以及人类视觉系统的生理结构所决定的，因此具有一定的普遍性和可预测性。以红色为例，研究表明红色可以刺激人的生理反应，提高心率和血压，使人感到兴奋和充满活力。同时，红色也可以激发人的情感反应，如热情和自信，甚至在某些情况下可能引发攻击性或冲动的行为。在设计中，了解并运用色彩心理，可以有效地传达信息、营造氛围，更好地引导用户行为。

8. 色彩象征

是指颜色在特定文化和社会背景中的意义和价值。这种象征意义往往是由长期的社会习俗、文化传统或共同经验所形成的，因此可能因文化、地域、时代和个人差异而异。象征色是一种观念性的用色，它不直接反映产品内容物的色彩，而是基于消费者的共同认知，用于表现产品的精神属性或品牌理念。以红色为例，在中国文化中,红色象征着好运、繁荣和喜庆,常用于节日、礼品包装等。

9. 强调色

强调重点的颜色。强调色在品牌包装设计中扮演着关键角色,它通过高明度和高纯度的色彩来突出重点。为了有效强调,其使用面积应小于周围色彩,从而实现视觉上的凸显。这样的设计有助于引导消费者的注意力,强化品牌形象。

10. 间隔色

通常采用中性色,如黑、白、灰、金、银等,以在强烈对比的色彩间起到协调作用,减弱视觉冲击。若使用彩色作为间隔色,需确保其与被分离色彩在色相、明度、纯度上有显著差异,以保持整体和谐。

11. 渐层色

通过色相和纯度的逐渐变化,实现和谐且丰富的视觉效果,渐层色在品牌包装设计中被广泛应用。这种色彩处理方式能够增强包装的层次感和立体感,提升产品的视觉吸引力。

12. 辅助色

用于丰富色调层次,增强整体色彩效果,同时需避免过于突出,以免影响主色调或强调色的表现。使用时应注意适度,确保其在设计中发挥恰当的辅助作用。

(三)色相的情感体验

色彩既是一种实际存在的物理现象,又是触发人们深层情感的主观感知。每种色彩都有其独特的魅力,能够唤起人们各异的感受,进而产生丰富多彩的情感体验。这种情感的触发与传递在品牌与消费者之间建立了无形的纽带,为品牌赋予了独特的个性和生命力。因此,在进行品牌包装设计时,对色彩的选择与运用显得尤为重要,它关乎着品牌形象的塑造、产品信息的传递以及消费者情感的激发。

色相的情感体验
及包装类型

(四)色彩的调性认知

饱和度和明度是构成色调的两大关键要素,它们共同决定了品牌包装色彩的整体调性(图3-102、图3-103)。

1. 纯色调

高纯度、高饱和度的颜色,不加任何的白色和黑色,呈现出鲜艳的色彩效果。

图 3-102　BROADWAY 咖啡包装｜图片来源：
B-R Korea

图 3-103　功夫小牛饮料包装｜图片来源：
左和右创意

这种色调给人的感觉通常是非常鲜明、强烈和纯粹的。

2．明色调

纯色调里加入适量的白色，形成的明亮、清新、柔和的色彩效果。这种色调通常给人带来一种轻松、愉悦、阳光和积极向上的感觉。

3．淡色调

明色调里加入适量的白色，形成的柔和、淡雅、清新的色彩效果。这种色调通常给人带来一种安静、舒适和温柔的感觉。淡色调相对中性，容易与其他色彩搭配，因此在品牌包装设计中的适用性较强。

4．白色调

淡色调里加入适量的白色，形成的明亮、清新、素雅的色彩效果。白色调是以白色为主导，通常给人带来一种简约、干净和纯粹的感觉。

5．灰色调

纯色调里加入适量的黑色，形成的沉稳、低调、简约的色彩效果。灰色调是以灰色为主导，通常给人带来一种中性、冷静和高级的感觉。

6．暗色调

灰色调里加入适量的黑色，形成的深沉、稳重、神秘的色彩效果。暗色调以低明度、低饱和度的色彩为主导，通常给人带来一种正式、高端和神秘的感觉。

7．黑色调

暗色调里加入适量的黑色，形成的高端、大气、神秘的色彩效果。暗色调以黑色为主导，是一种相对中性的色彩，与其他颜色的适配性较强，可以轻松实现多种风格的设计，既能营造正式、专业的氛围，又不失时尚和现代感。在包装设计中有独特的表现力和视觉效果。

色彩的调性认知
及适用包装类型

二、品牌包装设计的色彩搭配策略和平衡法则

（一）色彩搭配

色彩搭配是构成缤纷视觉体验的关键前提。在未经搭配之前，颜色本身并无美丑之别；真正的美感，源于如何将各色和谐且富有创意地融为一体。实际上，每一种色彩都蕴藏着搭配出令人惊艳效果的潜力。优秀的色彩搭配，便是各色相间相互映衬、相互协调的艺术过程。

色彩搭配的策略可分为柔和、中性及强烈三大类。这些搭配方式的选择，取决于色相环上色彩间的相对位置。色相与色相之间角度越接近，其对比效果越显柔和；反之，角度越大，则对比越加强烈。通过精准把握色相环上的微妙关系，能够巧妙运用色彩对比，营造出或和谐宁静、或鲜明醒目的视觉效果（图3-104）。

1. 同类色和类似色的柔和配色法

同类色指的是在同一个色相范围内，色度有深浅之分的颜色，它们在色相上保持一致，仅通过调整纯度和明度来呈现出细微的差别和丰富的层次。而类似色，则是指在色相环中夹角在30°以内的颜色，它们在色相上差别较小，因此也能够形成和谐统一的视觉效果。

这种柔和的色彩搭配策略是通过控制色彩间的差异和共性，调整纯度和明度，来达到视觉上的平衡和协调（图3-105）。

2. 邻近色和中度色的中性配色法

邻近色是指在色相环中夹角在60°以内的颜色。这类色彩在色相上保持着适中的差别，既不过于接近也不过于疏远，因此搭配起来显得特别活泼而富有生气。而中度色则是指在色相环中夹角

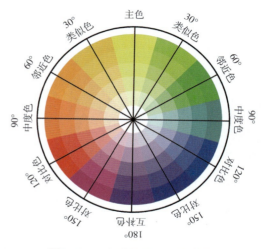

图3-104　色彩搭配策略示意图

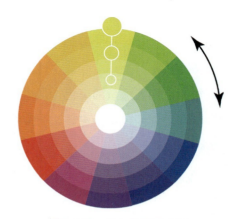

图3-105　单色搭配示意图

采用同一颜色的深浅色阶或不同饱和度来实现和谐的组合

在90°以内的颜色。这类色彩之间存在一定的对比感，但又不会过于强烈，因此搭配起来显得明快而活泼。这种中性的色彩搭配策略能够为设计注入一种活力和动感，营造出一种既和谐又富有变化的视觉效果，使品牌包装在色彩上更加丰富和有趣。

3. 对比色和互补色的强烈配色法

对比色指的是在色相环上夹角位于120°～180°的颜色，它们之间的差别较大，能够形成鲜明的对比效果。而互补色则是色相环上夹角恰好为180°的两种颜色，它们彼此对立，同时又相互补充。这种强烈的配色策略具有显著的优点，即能够产生跳跃、醒目、刺激的视觉效果，有效吸引受众的注意力。但如果过度使用可能导致画面显得杂乱无章、廉价，甚至引发视觉疲劳。

所以使用对比色和互补色进行搭配时，可以降低双方的色调，还需要注意控制颜色的搭配比例，减少辅助色的使用面积，以避免画面过于拥挤或混乱。此外，还可以巧妙地运用黑、白、灰等中性色进行平衡，以缓和强烈的色彩对比，使画面更加和谐统一。

使用上述柔和、中性及强烈色彩搭配方法时，除了色相之外，还需要考虑色彩的饱和度、明度以及在实际应用中的比例和分布，以确保最终色彩组合的和谐与美观。

（二）品牌包装色彩平衡法则

1. 色调平衡

指如何巧妙地运用色调的深浅来创造协调的视觉效果，所以色调平衡也可以被理解为深浅平衡。即在品牌包装设计中使用不同明度的白、淡、明、纯、灰、暗和黑色调，通过合理地分布深色和浅色元素，引导观众的视线，突出层级，并营造特定的氛围和情感，以达到视觉上的和谐与稳定（图3-106）。

白色调　　　　淡色调　　　　明色调　　　　纯色调　　　　灰色调　　　　暗色调　　　　黑色调

图3-106　青色色调示意图

2. 冷暖平衡

冷暖色是鲜明的对比色。暖色如红、橙、黄传递温暖与活力，而冷色如蓝、绿、紫则散发冷静与清新。实现色彩的冷暖平衡需关注色彩的温度感受和情感引导。通过精心调整冷暖色在作品中的比例与布局，可达成和谐视觉效果。在强烈冷暖对比中，巧妙融入中性色（如黑、白、灰）能有效缓和冲突，实现色彩的和谐共生（图3-107）。

图3-107　冷暖色示意图

3. 补色平衡

互补色是色轮上相互对应的颜色，如红与绿、蓝与橙、黄与紫等。当这些互补色在画面中的同时运用能相互衬托、相互强化，使视觉更加鲜明。这种平衡不仅突出重点，引导视线，还能营造特定情感。然而，互补色的强烈对比需谨慎处理，可通过调整色彩的明度、饱和度或面积来协调，避免突兀。使用时，控制对比强度是关键，以保持画面的和谐统一（图3-108）。

4. 有彩色和无彩色平衡

有彩色赋予品牌包装活力和情感，但过度使用可能导致视觉混乱。无彩色则起到平衡作用，中和有彩色的冲击，使设计

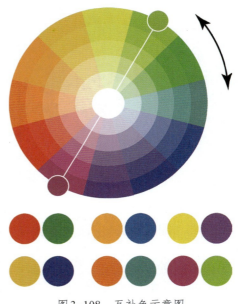

图3-108　互补色示意图

更和谐、统一。同时，无彩色能凸显有彩色的鲜明，打破单调的配色，聚焦视线，突出主体，提升品牌包装设计的品质。在设计中，两者相辅相成，共同构建出既丰富又协调的视觉效果（图3-109）。

5. 花色和纯色平衡

花色指的是具有复杂图案或多种颜色的色彩组合，可以带来丰富多彩的视觉效果和活泼、生动的感受；纯色则是指单一、均匀的颜色，能够呈现出简洁、明快的视觉效果（图3-110）。

图3-109　无彩色和有彩色平衡 |　　图3-110　花色和纯色平衡 | 图片来源：潘虎设计实验室
图片来源：Supperstudio

花色与纯色的平衡能够使画面聚焦，增加画面的层次感和视觉冲击力，缓解视觉疲劳，在设计中，通过将重要信息或关键元素与纯色背景相结合，突显关键信息，同时防止视觉过载，确保设计的清晰与易读。

6. 面积平衡

面积平衡配色的黄金比例为60∶30∶10，其中60%为大面积使用的主色，主色的选择将决定整个画面的总体色调和氛围。而剩余的30%和10%则分别分配给辅助色和点缀色，它们在画面中起到补充和强化的作用，使整体效果更加和谐且富有层次感（图3-111）。

主色　　　　　　　　　　　　　　　　　　　　　　　　　辅色　　　点缀色

图3-111　面积平衡配色的比例示意图

要实现色彩面积的平衡，需要综合考虑颜色的明度、饱和度和色相等多个因素。明度高、饱和度强的颜色通常更加引人注目，而暗色调或柔和的颜色则相对内敛。因此，在分配不同颜色所占的面积时，应根据其属性进行适当调整，以避免画面过于拥挤或单调乏味。

（三）品牌包装设计中的色彩颜色应用关键点

1. 总色调

总色调在品牌包装设计中具有决定性作用，它塑造了整体的视觉感受，无论是华丽或质朴。这种感受是通过色相、明度和纯度这三个色彩的基本属性来具体展现的。不同的属性组合形成了各种色调，如明调、暗调、鲜调等，每种色调都带来独特的视觉体验。

2. 面积因素

色彩占比在品牌包装设计中对整体色调产生直接影响。除了色相、明度和纯度，色彩面积的大小是决定色调的关键因素。大面积色彩不仅在远距离产生包装陈列显著的视觉效果，而且在色彩搭配中起到主导作用。当两种颜色对比过强时，调整其面积大小可有效实现调和，无须改变其色相、明度或纯度。

3. 视觉层次

配色层次的清晰度，在品牌包装设计中至关重要。它不仅取决于色彩本身的醒目程度，还受到色彩明度之间对比关系的影响。良好的视觉层次能够提升包装的吸引力和辨识度。

三、缤纷色彩类包装的设计风格

色彩是视觉传达的关键，据调查有85%的消费者是根据颜色来购买产品的。PANTONE 色彩研究所副总裁劳里·普雷斯曼（Laurie Pressman）强调："色彩在设计中的视觉影响力至关重要。包装中的色彩语言隐含着丰富的心理学信息，能够迅速传达数百种关于产品和品牌的信息。"这一观点突显了色彩在品牌包装设计中的核心作用，即通过色彩选择，品牌能够有效与消费者沟通，传递关键信息和情感联系。

在品牌包装设计中，色彩从来不能单独存在，它是和形状相互依存的。形状提供了画面的结构和形式，而色彩则为画面增添了情感和氛围。两者共同作用，才能构建出完整的设计风格。

（一）致敬经典

"师古人、师造化"是快速掌握传承知识的捷径。敦煌色、中国红与青花蓝，展现东方美学之韵；莫奈色、梵高色则汲取印象派的灵感精髓；孟菲斯与波普色，充满现代活力与动感……皆为配色之典范。

伊斯特拉（ISTRIANA）品牌橄榄油的包装设计灵感源于罗马时代的橄榄油

双耳瓶。设计师巧妙运用裂纹元素，再现古老容器的碎片质感，同时融入伊斯特拉橄榄树林中特有的陶红色泥土色彩。透过瓶身的"裂缝"玻璃，橄榄油的醇厚质地若隐若现。置于包装盒内，则仿佛时光倒流，重现罗马双耳瓶的经典风貌。此设计巧妙融合古今元素，展现现代设计的创新与传统之韵的完美交融（图3-112）。

（二）极简纯色

心理学原理表明，色彩越少，传递速度越快，效果越简洁明了。因此，单纯色彩的设计更容易呈现整体效果（图3-113）。

视觉冲击力的强弱主要取决于色彩的明度和纯度。纯色、明亮色和高纯度色彩更易引人注目，但低能见度的色彩（如灰色、淡色和暗色），在与高能见度色彩巧妙搭配时，也能产生出色彩的视觉效果。关键在于色彩的搭配和运用（图3-114）。

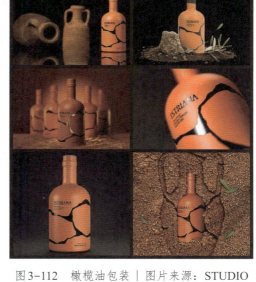

图3-112　橄榄油包装│图片来源：STUDIO
TUMPIC/PRENC

图3-113　护肤防晒品包装│图片来源：
Brand Vision Power AD

图3-114　杜松子酒包装│图片来源：Paprika

（三）梦幻渐变

不管是传统的同色相、邻近色、多色相渐变，还是弥散、激光、多色轮润感等渐变方式都能营造一种微妙的梦幻、抽象的氛围（图3-115）。渐变风格的使用能够让色彩之间相互渗透、融合，过渡更加自然、流畅，带给受众更加深刻和舒适的视觉体验。

渐变色彩的选择和运用需要考虑多种因素，如色彩的平衡和节奏感、色彩的明度、纯度、色相以及渐变的方向和速度等（图3-116）。这些因素都会影响渐变效果的整体感受和传达的信息。例如，在明度较高的色彩之间进行渐变，可以营造出一种清新、明亮的感觉；而在色相差异较大的色彩之间进行渐变，则可以创造出一种强烈的对比效果，突出作品的重点（图3-117）。

（四）色彩分割

运用不同的形状、线条等元素，将画面分割成几个相互独立或相互关联的部分，并填充相应的色彩。这些部分可以是规则的几何形状，也可以是不规则的有机形状（图3-118）。

色彩分割的目的是突出画面的重点，进行信息分组，引导观者的视线，创造一种独特的视觉体验。

通过合理地运用色彩分割，可以将

图3-115　色彩地带彩妆包装｜图片来源：念相品牌

图3-116　竹叶青品味茶包装｜图片来源：凌云创意

图3-117　大钊茶包装｜图片来源：喜鹊战略包装

图3-118　BIGFACE 咖啡包装｜图片来源：Zenpack

不同的信息或元素有序地组织起来，使包装展示面更加清晰、易读，并且能够突出品牌产品特性，使品牌产品信息的传递更有层次感和条理性，同时也能提升包装设计的视觉效果和吸引力。

色彩分割的运用需要注重整体协调和平衡。需要综合考虑色彩、形状、比例等因素，确保分割后的各个部分能够和谐地融合在一起，形成一个统一而有力的视觉效果（图3-119）。

图3-119　Wonderlab包装｜图片来源：东西制造局

（五）时尚潮流

时尚潮流的设计风格是一种不断追求创新、突破常规的精神。通过大胆的尝试和深入探索，时尚潮流配色为消费者带来了丰富多彩的视觉体验（图3-120）。

图3-120　BYOMA包装｜图片来源：Pearlfisher

其中，"多巴胺"配色以其高饱和度的色彩为人们注入无限活力，有效释放负面情绪，提升幸福感。美拉德色系则以其经典复古、温暖沉稳的特质，营造出高级而舒适的氛围。马卡龙色以其轻盈、优雅、甜美的特点，为人们创造出梦幻、浪漫的感觉，带来愉悦和轻松的心情。甜美、梦幻和女性化元素的追求，在芭比粉等明亮、鲜艳的色彩中得到了完美体现。这些色彩不仅引领着时尚潮流，更深刻地反映了消费者的情绪状态、身心健康和追求幸福感的心态（图3-121）。

同时，时尚配色也在不断挑战传统的色彩观念。例如，"五彩斑斓的黑"这一看似矛盾的组合，实际上展现了黑色的多样性和深度。黑色通常被认为是所有颜色的缺失，但

图3-121　纸尿裤包装｜图片来源：潘虎设计实验室

在这种色彩风格中，黑色被赋予了丰富的层次和变化，通过与不同材质、纹理和光影的结合，展现出令人惊叹的美感。这种对黑色的重新解读，不仅展示了时尚配色的创意性，也体现了消费者对于个性和独特性的追求（图3-122）。

图3-122　Rave 饮料包装｜图片来源：Prompt Design

张裕·迷霓 X-LAB 白兰地包装的成功也证明了色彩在品牌传播中的重要性。通过运用现代色彩和设计理念，该品牌成功打破了白兰地传统印象的束缚，以"向未知，亮出色"的产品理念吸引年轻消费者的关注。这种用色彩走进年轻人内心的策略，不仅提升了品牌形象，也鼓励年轻人探索未知、表达自我，体验专属的味道（图3-123）。

从多巴胺、马卡龙、芭比粉到美拉德、格雷灰、赛博朋克等潮流色彩的出现，可以清晰地看到，色彩已经超越了单纯的视觉刺激，成为影响人们情绪体验的重要因素。这些色彩不仅代表着时尚潮流的发展方向，更深刻地反映了消费者的内心世界、情感状态和追求幸福感的愿望。因此，在品牌包装设计领域，对于色彩的运用和解读将继续发挥着重要作用，为消费者带来更加丰富多彩的视觉和心理体验（图3-124）。

图3-123　张裕·迷霓包装｜图片来源：甲古文创意设计

图3-124　清洁剂包装｜图片来源：Method Products PBC

课程内容

本章教学内容聚焦品牌包装设计的创意与呈现，涵盖相关概念、营销策略及单体化与系列化包装的设计技巧。学生将学习包装完稿与效果呈现方法，了解印刷与工艺知识，并通过乡村振兴与非遗文化结合的实例，将所学灵活应用于品牌包装设计实践中。

思政要点

激发学生的创新思维，并深化其对知识产权保护的认知；通过引入助力乡村振兴、非遗文化以及老字号品牌等案例，着重培育学生的文化自信，鼓励他们探索地域文化，传承传统文化精髓，并涵养深厚的家国情怀；强调"三农"问题的重要性，让学生意识到农特产品包装在乡村振兴中的地位；而老字号品牌的引入，可激发学生对民族品牌、商业诚信与文化传承的尊重与热爱。

关键术语

品牌包装的营销策略；包装设计的呈现。

重点和难点

重点：语言钉策略；视觉锤策略；单体化、系列化包装的创意与呈现。

难点：课程思政与设计选题的融入是难点，需精巧构思以确保两者相辅相成。引导学生在实践中深化思政理解，提升专业技能，培育其思想政治素质与职业道德。

作业及要求

作业：某品牌包装设计一套（包装的完稿、效果图及展板设计部分）。

要求：针对初步构想的品牌包装文案和方案稿设计，进行深入细致的优化工作，将品牌故事、设计理念、产品特点等元素有机融合，力求完善并提炼出能精准呈现品牌理念与产品特色的最佳品牌包装方案。制作完成品牌单体和系列化包装的完稿、效果图和展板，以便直观地展示品牌包装的实际效果，便于评估和调整。

在追求年轻化的市场潮流中，品牌的"卖点"是根据消费者的"买点"做出的营销策略。"买点"即购买理由，是消费者选择产品的关键因素之一，这个理由可以是产品的创新功能、优质的原材料、环保的生产工艺，或者是一个与消费者情感共鸣的品牌故事，或者是权威机构的认证、真实用户的口碑推荐或者专业评测的肯定，一个触动人心的购买理由能够打动消费者的内心，让他们感受到产品的独特价值和品牌的诚意。将"买点"和"卖点"呈现出来，离不开品牌包装的创意与呈现。

第一节 品牌包装策略呈现

一、品牌包装的营销策略

品牌包装的营销传播是语言钉与视觉锤协同完成的。它们共同构成了品牌包装的核心要素。

语言钉主要与品牌产品的名称和品牌文案相关。品牌产品的名称作为品牌的首要标识，承载着与消费者建立初步联系的重要使命。一个简洁明了、易于记忆且富有情感共鸣的名称，能够迅速在消费者心中占据一席之地。而品牌产品文案则是传递品牌理念和产品特点的关键载体，通过引人入胜、生动有趣的表达方式，吸引消费者的注意力，加深他们对品牌产品的认知和理解。

视觉锤则是品牌包装中的核心视觉识别元素。利用独特的图形、色彩或形象等视觉符号，迅速吸引消费者的注意，留下深刻的印象。一个醒目且独特的视觉锤，能够让消费者在瞬间联想到品牌产品，从而增强品牌产品的辨识度和记忆度。

在品牌包装中，语言钉和视觉锤需要相互协同，共同发挥作用。语言钉通过精准的文字表达，传递品牌产品的核心价值和产品特点；而视觉锤则通过强烈的视觉冲击，加深消费者对品牌产品的印象和认知。二者相辅相成，共同构建了一个完整、有力的品牌产品的传播体系。

二、语言钉策略

语言钉主要指的是在消费者心中所形成的、关于某一品牌或产品的独特且深刻的印象或记忆点，这是一种认知锚点。这一概念强调了品牌产品在消费者心中的精确定位，以及这种定位如何深远地影响消费者的认知和行为决策。在品牌包装的过程中，语言钉发挥着至关重要的作用，主要体现在品牌产品的命名以及价值卖点的提炼上。

（一）品牌产品的命名策略

针对品牌产品的命名，首先要明确其品类归属。品类指的是产品所属的类别或主要功能，即产品的基本属性。在命名过程中，清晰地指出品类有助于消费者迅速把握产品的核心用途，从而缩小认知差距。其次，在品类的基础上，巧妙地融入情绪、人设、场景等元素。将这些因素有机地结合在一起，可以打造既实用又具有吸引力的产品名称，从而在激烈的市场竞争中脱颖而出。

1. 品类和情绪的结合：情感共鸣与产品属性的交融

情绪，无论是快乐、兴奋、安心还是怀旧，都是人情感的直接反应，也是品牌建设中不可或缺的一环。因为情感不仅能触动消费者的内心，还能深刻影响他们的购买决策和品牌忠诚度。

将产品的品类与消费者情绪相结合，可以创造出实用且富有情感的产品名称。这种名称既能明确传达产品功能，又能与消费者建立深厚的情感联系。

以"乐事薯片"为例，其品类为薯片，而"乐事"二字则巧妙地融入了快乐的情绪。这个名字不仅直接指向了产品的本质属性，更在无形中向消费者传递了休闲、享受和快乐的美好时光。同样，"喜力啤酒"也是一个绝佳的例证。其品类为啤酒，而"喜力"二字则寓意着欢庆与喜悦。这种命名方式不仅准确地传达了产品的社交属性，更在消费者心中勾画出了欢庆场合中畅饮啤酒的美好画面。

2. 品类和命令的结合：明确指令与产品功能的协同

命令，是一种直截了当的行动指示，能够唤起消费者的行动欲望，促使购买或使用产品的决策。当品类遇上命令，产品名称既明了又具备强大的行动力，准确传达功能的同时，更引发消费者的购买冲动。

如"认养一头牛"，不仅是牛奶品类，更隐含着一种情感联结和深度参与的命令。消费者仿佛能感受到与那只特定牛的特殊纽带，增强了对产品的信赖和归属感。而"养羊啦"则轻松活泼地邀请消费者参与养羊过程，品类与行动的完美结合，既清晰表达了产品属性，又引发了消费者的好奇和兴趣。

3. 品类、相关词和量词相结合：细节描绘与全面感知的呈现

这种命名策略简洁明了，易于理解和记忆，符合人类大脑的信息处理习惯。简洁明了、结构清晰的名字更容易被大脑记住，并在需要时快速提取。品类确定产品属性，相关词提供具体描述，而量词则起到了量化和具体化的作用。这三者的结合，使得产品名字既准确又易于理解。

如"三只松鼠"，既明确了产品是食品的品类，又赋予产品独特形象和个性。消费者仿佛能够看到三只活泼可爱的松鼠在眼前跳跃，这种亲切感和趣味性使得产品更容易赢得消费者的喜爱；"一束光芒"则让灯具产品更直观、温暖。

4. 品类和叠词的结合：节奏与属性的双重魅力

叠词，作为一种重复相同字词的语言现象，具有独特的节奏感和强调效果。当品类与叠词相遇，这种结合不仅准确地传达了产品的基本属性，更通过叠词的韵律和重复效果，加深了消费者对品牌的记忆和情感联系。

以食品品类"甜甜圈"为例，"甜甜"作为叠词部分，强调了产品的甜味，给人一种愉悦、幸福的感觉。而"圈"字则指明形态，使消费者能够迅速联想到圆形的甜点。同样地，"香飘飘"奶茶以"香"字强调奶茶的香气，而叠词"飘飘"则赋予了奶茶产品一种轻盈、飘逸的感觉。这种命名方式不仅准确地传达了产品的基本属性，还通过叠词的韵律和重复效果，增强了品牌的辨识度和记忆点。每喝一口"香飘飘"奶茶都仿佛能让人飘飘欲仙，充满了愉悦和轻松的氛围，与奶茶这种休闲饮品的属性相得益彰。

5. 人设与品类的结合：品牌个性的独特展现

人设，即品牌形象的人格化特征，能够赋予品牌产品独特的个性和情感色彩。当人设遇上品类，品牌名称便能在传达基础属性的同时，通过人设特有的个性和形象，增强品牌的个性魅力，深化消费者对品牌的感知和认同。

以"周黑鸭"为例，品牌名中的"周"字如同一个亲切的姓氏，拉近了与消费者的距离，而"黑鸭"则清晰地界定了产品品类。这种人设与品类的结合，为"周黑鸭"塑造了一种既幽默又风趣的品牌个性。

再观白酒品牌"江小白"，"江"字，既是"姓"，又给人以清新、自然之感，

而"小白"则如同邻家少年，简洁而亲切。这种人设不仅明确了产品的纯净与简洁特质，更为品牌注入了一种年轻、时尚的气息，成功吸引了众多年轻消费者的目光。

又如"王老吉"，其中的"王老"传递了品牌的历史厚重感与传承精神，而"吉"字则寓意吉祥、健康，与凉茶品类完美契合，共同构建了品牌的独特形象。

在品牌和产品命名中，人设与品类的结合是一种高效且富有创意的策略。不仅能准确传达产品信息，更能通过鲜明的个性形象，增强品牌的辨识度和吸引力。这种人设化的品牌更易于在社交场合中引发互动，从而进一步加深消费者与品牌的情感联系。

6. 人设与情绪的结合：直击心灵的品牌语言

当品牌人设与消费者的情感需求相契合，便能触发深层次的情感共鸣，让品牌与消费者之间建立起紧密的情感联系。

以"朕喜欢""朕都依你""朕的心意"这些品牌名为例，它们巧妙地将古代帝王的"朕"与现代人的情感表达相结合，形成了一种独特的人设与情绪的结合方式。这种结合赋予了消费者一种高贵、权威的气质，感受到一种与众不同的满足感。

"小白心里软"这个品牌名巧妙地运用了"小白"这一人设，给人一种纯真、无害的感觉。而"心里软"则直接触及人们内心深处的柔情和渴望被理解的情感。这种结合方式不仅让消费者在口感上感受到产品的柔软和美味，更在情感上得到了满足和共鸣。

"曹操饿了"的品牌名将历史人物与现代人的情感需求相结合，创造出一个既有趣又富有感染力的品牌名。"曹操"作为历史人物，给人一种权威、果敢的印象。而"饿了"则直接表达了人们的生理需求和渴望被满足的情感。

通过人设与情绪的结合，让品牌名成为直击消费者心灵的语言。

7. 场景与指令的结合：精准引导消费者行动

场景描述为消费者勾勒出一幅生动的画卷，让他们能够身临其境地感受到特定的环境或情境。指令则像一盏明灯，明确指引着消费者在该场景下应该如何行动。这种结合使得品牌能够更加精准地锁定目标消费者，并在特定的场景下引导他们做出符合品牌期望的行为。

以"睡前一杯奶"为例，这个名称巧妙地将"睡前"这一场景与"喝一杯奶"这一指令相结合。当夜幕降临，消费者准备进入梦乡时，这个名称仿佛在他们耳边轻声细语，提醒他们享受一杯温暖的牛奶，为安稳的睡眠做好准备。

再来看"饿了来份小零食"，这个名称同样将饥饿的场景与吃零食的指令紧密结合。当消费者感到饥饿时，这个名称就像是一个贴心的建议，告诉他们可以通过享用一份美味的小零食来缓解饥饿感。

而"开心时刻分享快乐"则是一个充满情感和社交元素的例子。它结合了积极的情感状态和社交分享的行为，提醒消费者在快乐的时刻与亲朋好友分享喜悦。这种结合不仅让品牌更加贴近消费者的情感需求，还促进了消费者与品牌之间的情感联结。

（二）品牌产品的文案策略

品牌文案的种类丰富多样，根据品牌传播的不同需求和场景，可以分为全面介绍型文案、新媒体文案、一句话文案、短文案、视频文案、深入型文案、产品型文案、标题型文案、TVC文案、内容文案等多种类型。这些文案种类各有特点，适用于不同的品牌和营销场景。

品牌包装中采用的文案多为一句话文案。这是一种极简的文案形式，通常用一句话表达品牌的核心信息或特点，要求语言简练、易于记忆、具有冲击力。

1. 自我陶醉型文案

将品牌产品置于高地位，同时通过对比性或排他性陈述来突显其独特性和优越性的文案策略。这种文案风格常常采用"标榜高度"和"降维打击"相结合的手法，以吸引消费者的注意力并强化品牌形象。

在"标榜高度"方面，通过使用"不是所有的……都……"这种排他性句式，文案能够暗示只有特定品牌或产品才具备某种独特的品质或价值。这种表述方式不仅提升了品牌的高度，还在消费者心中植入了品牌与众不同的印象。比如，不是所有的牛奶都叫特仑苏。

而"降维打击"则是通过对比来突显品牌或产品的优势，通过将品牌产品与同类产品进行直接或间接比较来实现的。例如，"水中贵族百岁山"通过赋予品牌"贵族"这样的高贵地位，来暗示其他同类产品相比之下显得平庸。

2. 紧密对位型文案

是一种精准针对目标受众的文案策略，通过抓住目标群体的共情点和直击其痛点来实现有效沟通。文案所表达的信息、情感和价值观与目标受众紧密对位，产生强烈共鸣。

紧密对位型文案要深入挖掘目标受众的共同情感、经历和需求，将这些元素融入文案中，从而引发受众的共鸣和认同。例如，耐克"Just Do It"（想做就做）这句口号触动了人们内心深处对于行动和实现的渴望。鼓励那些犹豫不决、害怕失败的人克服心理障碍，勇敢追求自己的目标。

直击痛点是紧密对位型文案的另一大特点。它针对目标受众在特定场景下所面临的问题、困扰或需求，给出直接、明确的解决方案或建议。例如，"横扫饥饿，做回自己，士力架"这句文案，就准确捕捉到了人们在饥饿时所面临的痛苦和无力感，通过士力架的产品特性来提供快速补充能量的解决方案，直击消费者的痛点。

3. 数字事实型文案

这是一种利用具体数字和事实来增强说服力和可信度的文案策略。通过亮出数字和摆出事实，让消费者更直观地了解品牌产品的优势，提升品牌产品的认知度和信任感。

数字事实型文案运用各种具体、可量化的数字和事实来展示品牌产品的特点和优势。这些数字和事实可以包括销售额、用户数量、满意度评分、增长率等各种指标，以及实际案例、研究成果、用户反馈等事实依据，旨在用客观的数据来支持文案的陈述，让消费者更加信服。

香飘飘奶茶品牌，曾巧妙地运用过数字事实型文案来增强品牌产品的影响力和可信度。"香飘飘，一年卖出七亿多杯，杯子连起来可绕地球两圈。"用具体的数字"七亿多杯"来展示其销售量的庞大，同时用"杯子连起来可绕地球两圈"这一形象化的描述来加深消费者对这一数字的直观感受。而"晒足180天，海天酱油"是海天味业为其酱油产品打造的一句广告语。强调了海天酱油的独特酿造工艺。这种晒制工艺是海天酱油品质保证的重要环节之一，赋予海天酱油独特的风味和香气，也是海天味业对传统酿造工艺的坚持和传承，还传递了海天味业对产品品质的自信和承诺。

4. 安全保障型文案

强调产品的安全性，建立消费者对品牌产品的信任感。这种文案风格常用于食品、婴幼儿用品、医疗健康等与消费者安全密切相关的领域。

安全保障型文案往往运用情感化的语言和形象化的比喻来触动消费者的内心。例如，"妈妈放心，婴儿舒心"这句文案直击了目标受众——妈妈们的内心关切，同时也体现了产品对婴儿舒适度的关注和保障。"妈妈放心"表达了品牌对产品质量和安全性的承诺，让妈妈们在选择产品时能够感到安心和信任。而"婴儿舒心"则强调了产品对婴儿舒适度的重视，确保婴儿在使用产品时能够感到舒适和愉悦。

"我们不生产水，我们只是大自然的搬运工"巧妙地运用了比喻和拟人的手法，将品牌定位为自然资源的守护者，让消费者在感受到大自然的纯净与美好的同时，也对品牌产生了信任和好感。

5. 豪迈传奇型文案

采用夸张、豪迈的修辞手法，突出品牌产品的非凡之处，塑造品牌产品的传奇色彩和独特地位，使消费者产生强烈的好奇心和购买欲望。

豪迈传奇型文案会将品牌产品置于一个至高无上的地位，通过夸张的描述和比喻来突显其卓越品质和独特价值。如"天下第一楼"用于描述某著名餐厅。还可以通过对比或排他的方式来彰显品牌或产品的领先地位和竞争优势。"一骑绝尘"用于形容某领先品牌。

需要注意的是，豪迈传奇型文案虽然能够吸引消费者的注意，但也需要确保文案的真实性和可信度，避免过度夸张或虚假宣传。

6. 小白魔性型文案

通过简单易懂、朗朗上口的语句和重复出现的模式，深入消费者心智。这种文案风格注重白话口语的运用和重复记忆的效应，使得文案信息能够在消费者脑海中留下深刻印象。

"没事儿就吃溜溜梅"运用了简单直白的口语表达，将吃溜溜梅与休闲放松的场景紧密联系在一起，让消费者在闲暇时刻自然而然地想到溜溜梅。这种口语化的表达方式不仅使得文案更加贴近消费者的日常用语习惯，还能够降低理解难度，让消费者更容易接受和记住广告内容。另外，还通过重复记忆的方式来加强广告效果。通过重复出现相同的语句或模式，形成深刻的记忆点。例如，"累了困了，喝东鹏特饮"和"小困小饿，喝点香飘飘"有异曲同工之妙，通过重复出现累、困、饿的场景和"喝点什么"的解决方案来加强记忆效果。

三、视觉锤策略

视觉锤是由劳拉·里斯（Laura Ries）提出的营销理论概念。在品牌营销中的作用是帮助品牌在消费者心智中占据一个独特的视觉概念，这个概念外在表现为一个可用于品牌识别的视觉非语言信息。视觉锤的形式十分广泛，可以是简单的形状、独特的颜色、产品本身的设计、包装等，几乎所有视觉元素都有可能成为视觉锤，但关键是要表达出语言钉，即品牌的定位或核心理念。

在品牌包装设计中视觉锤主要表现为包装展示面超级符号的呈现。这个超级符号可能是品牌Logo，也可能是文案、产品的价值点，或者是和产品相关的图形图像甚至是色彩的情绪表达。

（一）以品牌为切入点的视觉锤策略

1. 品牌的名称、标识或辅助图形

对于有知名度的品牌，巧妙运用其名称、标识或辅助图形作为视觉符号，并将其放大置于包装上，对于品牌方而言，既能快速且准确地传达品牌价值，建立独特的认知度和差异化优势，也能加深消费者对品牌的认知与印象，增强消费者的信任感。

这种策略不仅强化了品牌的识别度，还能确保品牌形象的一致性和连贯性，从而加深消费者对品牌的整体认知和印象（图4-1）。

2. 品牌IP

IP形象作为品牌传达内涵和价值的有效手段，不仅能激发消费者的互动参与，构建品牌故事，还能为品牌产品增添情感价值，提升吸引力。因此，很多品牌产品会创建鲜明的IP形象，并将IP作为品牌包装设计的重要亮点，以深化品牌印象并增强市场竞争力（图4-2）。

查看详情

查看详情

图4-1　茶包装｜图片来源：甲古文创意设计　　图4-2　葡萄酒包装｜图片来源：甲古文创意设计

3. 品牌调性

品牌调性是品牌的独特灵魂，是消费者首次接触时的直观感受，更是品牌与消费者之间情感的桥梁。它融入情感元素，打动消费者内心，引发共鸣，创造归属感

（图4-3）。将符合品牌调性的元素巧妙融入包装设计，能深化消费者对品牌的记忆，提升品牌影响力。

4. 品牌故事

品牌故事是塑造品牌形象、传递品牌价值的关键要素之一。在品牌包装上呈现品牌故事或典故，能赋予品牌包装更加深厚的文化内涵和情感价值。这些故事不仅能够引发消费者的兴趣和好奇心，更能够激发消费者的共鸣和认同感，进而增强消费者对品牌的忠诚度和黏性（图4-4）。

查看详情

查看详情

图4-3　茶包装｜图片来源：万哩创意设计　　图4-4　八马茶业包装｜图片来源：靳刘高设计

（二）以产品为切入点的视觉锤策略

1. 产品自身

将产品自身作为品牌包装设计的核心元素，是高颜值产品的常用策略。这种直观展示产品的方式，能有效地激发消费者的购买欲望，因为消费者可以第一时间看到产品的真实样貌或质感（图4-5）。

2. 产品的原材料

将产品的主要原材料或主要成分突显在包装上，能有效帮助消费者直观认知产品成分，加深对产品的了解。这种策略在食品类包装中尤为常见，它使消费者能迅速识别产品属性，降低购买决策的难度和时间成本。例如，食品或日用产品若以天然、健康的珍稀原料成分为卖点，将其作为主要视觉元素，便能立即传达产品核心价值，吸引目标消费者（图4-6）。

3. 原产地

当产品因产地而闻名时，可巧妙提取该地的文化历史元素，融入品牌包装设计，作为独特卖点。这样做不仅为产品增添了背书信息，还增强了消费者的信任感。因为消费者通常会根据原产地来评估产品的质量。通过这种品牌包装设计策略表现形式，产品能更有效地传递其独特价值，提升市场竞争力（图4-7）。

图4-5　LEIBNIZ品牌包装｜　　图4-6　农夫望天辣椒酱包装｜　　图4-7　姚生记山核桃仁包装｜
图片来源：Auge Design srl　　　图片来源：BOB DESIGN　　　图片来源：贤草品牌顾问

4．产品的作用功效

对于功效型产品，将功效和作用直接融入品牌包装设计，有助于消费者直观理解产品功效。对于那些效果显著但知名度不高的产品，突出功效的包装设计更是有效的卖点策略，能帮助消费者快速把握产品优势和特点。但在此过程中，必须严格遵守包装法规，确保信息的准确性和合规性（图4-8）。

5．产品属性

在设计品牌包装时，要深入理解产品的核心属性和目标消费者，从而选择最合适的设计元素和策略来有效地传达产品的价值和特点。

例如，强调天然、有机成分的产品可以运用自然元素，如植物、动物、大地色调等，来传达产品的纯净和健康；奢侈品的包装设计往往强调精致、高端和独特；儿童用品的包装应该充满趣味性和亲和力；可以使用雪山、湖水等意象图形来表现纯净水产品；科技创新产品的包装应该体现其现代感和未来感，可以使用简洁的线条、科技蓝等色彩以及抽象图形来传达产品的高科技属性；环保产品的包装应强调其可持续性和环保理念，可以使用可回收材料、简约设计、生态图案等元素来传达产品的环保价值（图4-9）。

6．产品的加工过程

在品牌包装设计中，展示产品的加工过程是一种富有创意和实效性的表现形式。通过将产品的制造流程、手工艺细节或独特的生产技术以图形图像的形式呈现在品牌包装上，消费者可以直观地了解产品从原材料到成品的转变过程。这种透明化的展示方式不仅增强了消费者对产品质量的信任感，还展示了产品自身所承载的文化底蕴。

比如，茶叶品牌的系列包装设计，可以生动地展现茶叶从采摘到成品的整个加工流程。这包括采摘鲜叶、萎凋、杀青、揉捻、发酵和烘干等关键步骤。使消费者直观地了解茶叶的加工细节和工艺特色。这种产品的体验感能增强消费者对产品的认知和兴趣（图4-10）。

图4-8　Nice Cream 包装｜
图片来源：Han Gao

图4-9　4Life 矿泉水包装｜
图片来源：Prompt Design

图4-10　芮淋茶包装｜紫阳
图片来源：伙伴设计

（三）以消费者为切入点的视觉锤策略

1. 消费者自身

将消费者自身（女性、男性、儿童、老人、宠物）作为品牌包装设计的核心元素，可以很好地贴合产品的特性，使产品包装能够快速地吸引目标消费者的关注。这是一种高度个性化和互动性的设计策略。这种设计方法将消费者的形象、特征或生活方式等直接融入品牌包装中，让消费者在接触产品时能够深刻感受到品牌产品与自身的紧密联系（图4-11）。

2. 产品的使用场景

深入了解并洞察消费者的使用场景是进行品牌产品包装设计的关键。通过这一方法，品牌能够更精确地传达产品的功能用途，同时增加产品的趣味性，使其在同类产品中脱颖而出。这种基于使用场景的包装设计策略不仅提升了产品的实用性，还有效地帮助消费者在产品选择上作出快速而明智的决策（图4-12）。

3. 使用产品的直接感受

使用产品的直接感受是消费者最直观的体验之一。这种感受来自产品本身的质地、口感、气味、触感等方面，能够直接影响消费者的购买决策和忠诚度。

为了更好地传达产品的直接感受，品牌产品包装可以从使用产品的直接感受入手，营造出与产品特性相符的氛围和感觉。例如，对于柔软舒适的纺织品，包装可以采用柔和的色彩和质感，通过外包装即可感受到产品的柔软和舒适；对于口感鲜美的食品，包装则可以通过独特的造型（如大张的嘴巴，营造好吃的感觉）和诱人的色彩，激发消费者的味觉联想，增强他们对产品口感的期待和好奇心（图4-13）。

图4-11　Pongo 宠物香薰喷雾
包装｜图片来源：CBA

图4-12　含乳饮料包装｜图片来源：
减艺 Gao

图4-13　hilo Life 包装｜
图片来源：PepsiCo
Design & InnovationDesign

4. 个性化的关怀

在这个追求个性化的时代，消费者对产品的需求已不仅限于基本功能，他们更追求个性化的关怀。这种个性化的关怀体现在品牌以消费者为中心，对每位消费者的独特需求深入理解并尊重。品牌不仅仅提供商品，还提供一种与消费者情感相连的体验（图4-14）。

个性化的关怀在品牌包装设计中尤为重要。品牌通过细致入微的市场调研，了解消费者的喜好、习惯和情感需求，并将这些信息融入产品包装中。无论是通过定制化的标签、独特的色彩组合，还是与消费者个人故事相关的设计元素，都能让消费者感受他们是特殊的，感受到品牌的用心与关怀（图4-15）。

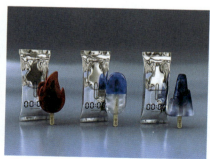

查看详情

图4-14　今麦郎手打面包装｜图片来源：
凌云创意

图4-15　00：00冰激凌包装｜图片来源：inDare
格外设计

（四）以文化为切入点的视觉锤策略

1. 传统文化、民族文化

通过深入挖掘目标消费者所认同的文化符号、传统或价值观，将其以视觉化的形式呈现在包装上，从而迅速抓住消费者的注意力并激发情感共鸣。比如，深入挖掘诗词歌赋、绘画书法、工艺美术、非遗文化、神话故事、传说典故以及特定的节日、节气习俗等文化元素，将这些文化瑰宝与品牌包装设计巧妙结合。这种品牌包装的策略旨在通过视觉元素传达品牌产品的文化内涵，激发消费者的情感共鸣，并强化品牌与特定文化之间的关联。

这种将品牌产品与特定文化元素紧密结合的设计策略，不仅有助于提升产品的市场竞争力，还能促进文化的传播和交流，实现商业价值与文化价值的双赢（图4-16）。

2. 潮流文化

以潮流文化为切入点的视觉锤策略，是捕捉年轻消费者心智的重要手段。这种策略注重运用诙谐幽默的品牌文案设计，以语录为大品名的形式来呈现产品，旨在通过各种网络流行语、热门梗来迅速唤起消费者的情感共鸣。

在品牌包装设计上，运用鲜明的色彩、简洁的线条和潮流元素，营造出时尚、前卫的视觉效果。同时，结合年轻人喜爱的社交媒体平台和网络文化，将包装设计与线上互动体验相结合，打造更完整、更沉浸的品牌体验。

这种包装策略特别适合追求个性、独立和新鲜感的年轻消费者。它不仅能满足他们的猎奇心理，还能让他们在享受产品的同时，感受到品牌与自身价值观的契合，从而增强对品牌的认同感和忠诚度（图4-17）。

查看详情

图4-16　凉白开包装｜图片来源：潘虎设计实验室

查看详情

图4-17　百事与人民日报新媒体饮料联名包装｜图片来源：
PepsiCo Design

第二节 品牌包装设计呈现

品牌包装设计不仅是产品的保护外壳，更是品牌与消费者之间的首次互动体验，能吸引消费者注意力和激发购买欲。设计时，首要考虑品牌定位与核心价值，确保设计能准确传达品牌信息。色彩选择尤为关键，要与品牌形象相契合。图形和文字需协调一致，直观展示产品特点并详细介绍功能。优质材质和先进印刷工艺能提升产品质感，增强设计精美度。考虑成本、可行性和环保性，确保设计实用且可持续。总之，品牌包装设计的呈现需综合多重因素，有机融合各元素，以打造独特的设计。

一、单体化包装

商品包装的造型样式繁多，以常见的纸盒为例，通常由六个面共同构成，这六个面在商品展示和信息传递中各自扮演着不同的角色（图4-18）。其中，有两个面尤为重要：一个是包装的正面，即主展示面；另一个是包装的背面。其他的面则是各级次展示面。

主展示面，主要承担着在货架上吸引消费者注意力的任务。而包装背面，则提供更为详细和全面的品牌产品信息。各级次展示面是对包装风格和信息的完善和延续。

查看详情

图4-18 茉莉花茶包装 | 图片来源：喜鹊战略包装

（一）主展示面的设计

主展示面作为商品包装上的"门面担当"，在商品与消费者之间搭建起初次沟通的桥梁。在短暂的几秒内，一个精心设计的主展示面能够迅速捕获消费者的注意力，并有效地传达商品的核心信息。

在品牌包装设计中，主展示面占据着举足轻重的地位，它是产品包装中最直接、最显眼的部分，承载着品牌形象、商品信息和价值主张。因此，在设计初期，设计师往往会将重点放在主展示面的构思上，通过它来探讨和确定整体包装的设计策略。一旦主展示面的设计方案得到确认，整个包装设计的基调也就基本确定。

主展示面所呈现的重要元素包括品牌区域、品名区域、价值点区域和视觉锤区域，它们各司其职，共同构建商品的形象和价值（图4-19）。

1. 品牌区域

通过品牌标志、名称和口号等元素的组合，清晰地传达出品牌的身份和理念，增强消费者对商品的信任感。

2. 品名区域

则突出展示商品的名称，让消费者能够迅速了解商品的基本属性和功能。同时，品名区域的设计也注重字体、颜色和风格的协调性，以确保信息的清晰易读。

3. 价值点区域

是展示商品独特卖点和核心价值的关键区域。通过突出商品的创新性、高品质、实用性或环保性等优势，价值点区域能够激发消费者的购买欲望，提升商品的竞争力。

4. 视觉锤区域

则运用独特的视觉元素来强化品牌印象和商品特性。这些元素可以是图形、文字、符号或色彩组合等，它们以强烈的视觉冲击力和辨识度帮助商品在众多竞品中脱颖而出。

总之，包装的主展示面通过品牌区域、品名区域、价值点区域和视觉锤区域等多个部分的协同作用，共同构建出

（a）酷生活　肉食派鸡胸肉包装 ｜ 图片来源：邓心怡/指导：黄慧君

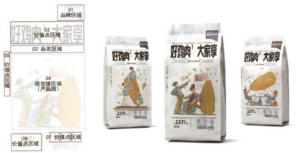

（b）好鸡肉　大家享鸡胸肉包装 ｜ 图片来源：于晓萍/指导：黄慧君

图4-19　主展示面信息示意图

商品包装的整体形象和信息传递系统。一个成功的主展示面设计不仅能够吸引消费者的目光，更能有效地传达商品的价值和品牌形象，从而促进商品的销售和品牌的传播。

（二）背面的设计

包装背面在品牌包装中占据重要地位，它是商品信息的补充和延伸，为消费者提供详细全面的产品信息，帮助消费者更好地了解和选择商品。背面通常包括商品描述、成分列表、使用方法、注意事项和品牌故事等内容，旨在帮助消费者深入了解商品，做出明智的购买决策（图4-20）。

在设计包装背面时，需考虑以下关键方面：

1. 信息布局

应清晰、有条理，通过分栏、标题、字体大小等方式层次分明地展示信息，便于消费者快速获取所需内容。

2. 产品描述

详细介绍产品特性、用途、成分等，确保信息准确客观，并符合法律法规要求。

3. 品牌故事

用简短文字、图案或照片传达品牌价值观和理念，增强消费者对品牌的认同感。

4. 使用说明

针对特定产品（如食品、化妆品、药品等）提供详细的使用方法和注意事项，确保消费者正确安全使用。

5. 规范信息

包括必要的法律声明和认证标志，如生产日期、保质期、生产厂家、执行标准、条形码等，保障消费者权益。

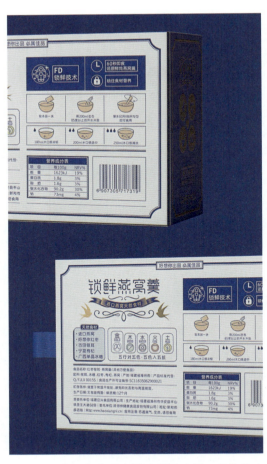

图4-20　背面信息示意图｜图片来源：喜鹊战略包装

6. 设计风格

与整体包装协调一致，选择适合的字体、颜色、图案等元素，营造统一专业的视觉效果。

7. 图片与插图

适当使用以增加生动性和直观性，如产品实物图片、使用场景插图等。

（三）各级次展示面

品牌包装设计中，各级展示面协同构建整体形象并传递商品信息。除正面和背面外，其他均为次展示面（图4-21）。

侧面作为次展示面，补充主展示面的信息，如商品细节、成分、使用方法等，设计需与主展示面相协调，避免过于抢眼而分散注意力。

辅助展示面包括顶部、底部等小面积部分，主要用于放置条形码、生产批号等辅助信息，设计应简洁易识别。

内部展示面在开封后展现，可用于增添感谢语、品牌故事等内容。其设计应与外部风格一致，以强化品牌形象（图4-22）。

需要注意的是，不是所有的次展示面都需要有信息的呈现，也可适当留白。细节设计同样关键，如字体、色彩和图案等，应与整体风格相协调，呈现出统一且专业的视觉效果。设计时还需考虑信息传递的层次性、视觉连贯性和品牌一致性。各级展示面根据重要性和

图4-21　次展示面信息示意图｜图片来源：
潘虎设计实验室

图4-22　次展示面信息示意图｜图片来源：
Marks

消费者阅读习惯传递信息，同时保持视觉上的流畅和品牌形象的统一。

（四）设计完稿

品牌包装设计完稿是整个设计流程的收官之作，是在初稿基础上进行深度优化，确保版式和布局既协调统一，又符合品牌产品形象和传达信息（图4-23）。完稿的关键要素和注意事项包括：

图4-23　设计完稿示意图｜图片来源：陶紫涵/指导：方善用

矢量图制作与格式：采用矢量设计软件制作，以确保印刷精度。常用格式如*.AI和*.CDR。

尺寸与出血规范：明确标注实际尺寸、出血（防白边）及裁切线位置。出血一般超出成品边3mm。

色值与材质选择：提供CMYK色值，并注明包装材料的具体要求，如纸张类型、厚度等。

文字与字体处理：完稿中的文字内容需最终确定，提交印刷时需转曲。

点阵图质量：完稿中的点阵图应清晰，分辨率至少300dpi，并适应印刷工艺。

识别标记功能性：确保条形码、二维码等识别标记可读且功能完好。

特殊效果准备：如专色印刷、烫金等，需制作拆色稿。

钢刀版标注：正确规范标注，确保制作准确。例如，单实线是轮廓线的裁切线；双实线是开槽线；单虚线是内折压痕线；点划线是外折压痕线；点虚线是打孔线；波浪线是撕裂打孔线。大部分的钢刀版的制图并不需要很复杂的标注。简化使用时，以实线表示裁切线，虚线表示折痕线。

二、系列包装

（一）系列包装的优势

系列化包装相较于单体化包装，更加注重整体性和协调性，能够有效地突显品牌的整体实力。在终端销售场所，系列化包装通过大面积占据货架空间，形成强烈的视觉冲击力，从而有效地压制其他竞品，营造出优秀的终端陈列效果。此外，若采用成套销售策略，还能显著地提升产品的销售量。

系列化包装设计的核心优势在于其统一的视觉元素和设计风格。这种一致性使得消费者能够轻易地辨识出哪些产品属于同一品牌或系列，从而简化了消费者的购买决策过程，增强了品牌忠诚度。同时，这种设计方式也有助于品牌方实现"一牌多品"的战略目标，即通过单一品牌推出多个产品，以满足不同消费者的需求。

此外，系列化包装设计在维系品牌和粉丝关系方面也发挥着重要作用。通过将同一系列的多种产品设计成统一风格的包装，品牌方能够强化消费者的品牌意识，提升品牌形象，进而促进销售。在竞争激烈的市场环境中，包装的促销作用日益凸显，因此，系列化包装设计的应用也越来越受到品牌和消费者的重视。

（二）系列包装的形式

系列包装设计的形式是由品牌的市场定位、目标受众、产品特性等因素，通过制定相应的包装设计策略，并选择适合的表现形式来呈现。

常见的形式如下。

1. 同一品牌的系列化设计

这种形式是品牌传播与营销策略中的关键组成部分，通过整合品牌旗下的不同产品或产品线，塑造出统一协调的视觉形象和品牌风格。这种设计手法不仅提升了品牌形象，还增强了消费者对品牌的认知度和忠诚度。

在统一风格的系列化设计中，品牌注重在所有产品或产品线上保持设计的一致性。无论产品种类多么丰富多样，其包装设计都遵循统一的色彩搭配、字体选择和图形元素等设计原则（图4-24）。这种一致性有助于形成强烈的品牌统一感，让消费者在第一时间就能识别出品牌的特点和风格。通过这种方式，提升消费者对品牌的整体印象和识别度。

相关产品的配套设计则是针对品牌中功能上相互关联的产品进行的一种设计策

略。例如，在美容护肤品领域，品牌可以将洁面乳、爽肤水、乳液等产品作为一个系列进行配套设计。这些产品在包装上采用相似的视觉元素和风格，形成强烈的配套感，方便消费者进行搭配购买和使用。通过配套设计，品牌不仅能够满足消费者的多元化需求，还能提升产品的整体销售效果。

主题系列的包装设计则是根据特定的主题或节日对品牌下的部分或全部产品进行特别设计的一种策略。这种设计方式能够增加产品的趣味性和

图4-24　Bnavan品牌系列包装│图片来源：Backbone Branding

新鲜感，吸引消费者的注意力并激发他们的购买欲望。以农夫山泉为例，该品牌从2016年的金猴瓶开始，连续九年推出生肖瓶系列，每年的生肖瓶都融入了中国传统文化和艺术元素，成为集颜值、文化和收藏价值于一体的艺术作品（图4-25）。这种主题系列设计不仅提升了农夫山泉的品牌形象，还赢得了消费者的喜爱和追捧。

查看详情

（a）农夫山泉系列生肖典藏矿泉水包装　　　（b）甲辰龙年金龙水包装

图4-25　农夫山泉生肖典藏矿泉水包装│图片来源：农夫山泉

2. 同类产品的系列化设计

这种策略旨在通过对同一类别的产品进行多样化处理，从而创建出一系列既相互关联又各自独特的产品。这种设计方法不仅满足了消费者对于不同风格和功能的多样化需求，同时也为品牌形象的塑造和市场竞争力的提升注入了新的活力。

在同类商品的系列化设计中，有几种常见且效果显著的设计手法：

首先是造型的差异化设计。在这种方法中，虽然同一类产品的包装在图形、文字和色彩上保持统一风格，但在造型设计上却展现出了差异化和多样性。这种设计方式通过形态的变化，为消费者提供了更加丰富的选择，同时也强化了产品的个性特征（图4-26）。

其次是色彩的变化运用。色彩不同的系列化设计在保持产品文字、图形、造型等要素一致的基础上，巧妙地通过色彩的变换来创造产品的差异性和新鲜感。这种设计手法能够迅速抓住消费者的视觉注意力，激发其购买欲望（图4-27）。

最后是图形的创意变换。图形变换的系列化设计注重在同一类产品上运用不同的图形图像设计来形成系列感。根据商品的特点和主题，精心选择合适的图形图像进行创意组合和变换，从而赋予产品独特的视觉魅力和文化内涵。例如，在食品包装设计中，同一品牌的系列产品可以采用不同的图案和插画设计来区分不同的口味或产品系列，使消费者在选购时能够一目了然（图4-28）。

图4-26　OCEANIQ纯素家庭护理　　图4-27　MATCH汤力水包装｜　　图4-28　威士忌包装｜
洗涤剂包装｜图片来源：2Yolk　　图片来源：SeriesNemo　　图片来源：LOOM & SHUTTLE

值得一提的是，这些设计手法并非孤立存在，而是可以相互结合、交叉运用。可以同时考虑造型、色彩和图形的变换，打造出既统一又各具特色的产品系列。这种综合性的设计策略不仅能够提升产品的视觉吸引力和市场竞争力，还能够满足消费者的多元化需求，进一步增强其对品牌的认同感和忠诚度。

3. 同一产品的系列化设计

旨在通过多样化的处理手段，满足不同消费者的需求，同时提升产品的市场适应性和竞争力。这种设计方式主要体现在以下几个方面。

首先是规格多样化。为同一款产品设计不同规格或尺寸，如饮料的300毫升、550毫升和1升的瓶装等，为消费者在不同场合和便携性需求提供选择。

其次是成分差异化。针对同一产品的基本型，调整成分或配方以适应不同消费者的特定需求。例如，牙膏品牌可分别提供对应系列，确保每位顾客都能找到适合自己的产品。

最后是包装形式创新。同一款产品可采用袋装、盒装、罐装等多种包装形式，旨在提升产品的视觉吸引力，同时便于消费者使用和携带。

此外，还可通过推出限量版、季节版或合作版的包装，以及调整色彩、图案和材质等设计元素，进一步丰富产品的系列化设计，增强其独特性和收藏价值。这种综合性的设计策略有助于产品在激烈的市场竞争中脱颖而出，赢得消费者的青睐。

三、效果呈现

（一）设计打样

包装设计打样是品牌包装设计中的核心环节，它将平面设计转化为三维实物，从而直观地反映设计效果并提供实物参照。打样不仅可验证设计的可行性和实际效果，还能及早揭示潜在问题，如尺寸、颜色和印刷上的偏差，以便在设计阶段及时修正，避免大批量生产中的损失。此外，成功的打样也为后续生产提供了标准和依据，可确保生产的顺畅进行。

在打样前，务必确保包装设计已通过内部团队和客户的初步审核，以减少后续的设计改动。随后，根据产品特性和设计要求，选定合适的材料和工艺，并依照设计图纸制作初步样品。对样品进行全面评估，涵盖外观、尺寸、颜色、印刷质量等关键方面，确保其与设计要求相符。如有需要，及时进行调整。当样品满足预期效果时，即可进行最终确认。

打样时，必须确保所有细节（如尺寸、颜色、材料等）与设计图纸严格一致，防止出现偏差。考虑到打样耗时，应合理安排时间以避免项目延误。同时，要注重成本控制，减少浪费。打样涉及多部门协作，为确保信息传递准确、协作顺畅，保持有效沟通至关重要。此外，保护设计知识产权同样重要，以防止泄露或被盗用。

（二）效果图制作

包装设计效果图在品牌包装设计的流程中至关重要。这一关键步骤能将设计概念可视化，清晰地展现包装的各方面要素，如外观、结构、色彩和图形图像，使设计方案更易于理解和评估。值得一提的是，在包装设计的任何阶段——无论是初稿、定稿，还是打样之后——都可以制作效果图来预览设计效果。应根据不同的设计需求和阶段选择合适的方法和工具，创作出既美观又实用的包装设计效果图。

在初稿阶段，效果图的主要目的是呈现设计概念。此时，可以通过手绘草图或使用样机贴图快速查看整体布局和大致效果，而不必过分关注细节。这种方式有助于尝试不同的设计方向，确定最佳的设计思路。

进入完稿阶段，可以利用专业的设计软件来制作更为精细的效果图。对于几何平面的包装体，Photoshop、Illustrator 和 CorelDRAW 等软件即可胜任；对于几何曲面的包装体，3ds Max、Maya 和 C4D 等 3D 建模软件则能创建更为逼真的 3D 模型。通过为模型添加贴图和运用渲染技术，可以模拟出包装的真实材料和质感，生成引人入胜的立体效果图（图4-29）。

图4-29　效果图示意 ｜ 图片来源：刘美玲/指导：黄慧君

此外，市面上还有一些专门的包装设计软件或平台，如包小盒、包装魔术师（Packmage）等。这些软件提供了丰富的模板和素材库，支持3D效果图的快速制作和展示，并能方便地调整包装的形状、材料和印刷效果。

近年来，AI绘画工具如Midjourney等也逐渐在包装设计领域崭露头角。这些工具能够根据设计师的输入自动生成图像，为设计师提供了新的创作可能性。

在打样之后，还可以将打样稿制作成实物包装，并进行实物拍摄，从而获得更具真实感的效果图。效果图的制作有助于在设计投产前发现潜在的问题，并进行及时的调整。

需要注意的是，尽管制作效果图的方法和工具多种多样，但设计师的创意和审美能力始终是决定效果图质量的关键因素。

（三）展板设计

展板设计首先需根据参赛策略确定基础参数：展板尺寸、色彩模式及dpi值。随后按照参赛要求，将相关的设计内容布局在展板上，这些内容包括但不限于设计展开图、样机效果图和海报等。由于前期的包装设计工作已完成，展板设计的重点便落在排版上。

常用的展板排版
方法

整铺法。当某张平面图或效果图制作得尤为出色时，可考虑采用此法。它使图片铺满展板，营造出强烈的视觉统一感。在此布局下，高质量的图片成为视觉焦点，可充分展现设计的核心魅力。

对比法。是一种强调与突显的布局策略。是将精选的包装效果图放大并置于显要位置，与其他较小的元素形成鲜明对比。大图吸引目光，小图则在大图的映衬下突显其关联性和重要性。此法不仅增强了展板的视觉吸引力，也使设计信息的传达更为精准、高效。

网格法。作为展板设计的又一重要布局方法，其为版面结构带来秩序感。通过将版面划分成规则的区域，每个区域有序地放置不同的设计元素，使版面更加清晰、整洁，提高了可读性。根据设计需求，可选择对称或非对称网格。对称网格适合内容丰富的展板，可确保每个区域有足够的展示空间；非对称网格则适用于强调重点，引导观众视线。网格法的灵活性和可调整性，使其能与其他设计手法结合，创造出多样的视觉效果，满足不同的设计需求。

网格法是品牌包装展板设计的核心法则，其延展出的破边、留白、横分、等分、色带等多种设计手法，都是基于网格法的灵活应用与创意发挥。这些设计手法在保持版面整洁、有序的同时，也为展板注入了丰富的变化与层次感。

无论用何种方法设计展板，其首要任务都是高效、美观地在极短时间内传递信息，尤其是那些至关重要的核心内容。在设计过程中，应避免陷入详尽无遗的细节展示误区，而是聚焦于精炼、直接地呈现主旨。这恰恰符合"三十秒定律"（或称为"电梯法则"）的理念，即在极其有限的时间内，必须迅速且清晰地传达出信息的核心要义。这一法则强调了删繁就简、直击要害的重要性，可确保在最短的时间内实现信息的有效传递，避免任何不必要的冗长和离题。因此，在展板设计中应秉承这一原则，力求在第一时间吸引观众的目光，并精准地传达出我们想要表达的关键信息。

四、包装印刷与工艺

关于包装的印刷与工艺，除了包装材料之外，还需要了解以下包装印刷工艺。

（一）印刷工艺文件处理

印刷工艺文件处理是确保印刷品高质量和高效印刷的核心环节，包括以下几个关键点。

（1）出血设置。为避免裁切后成品出现白边或内容缺失，图文边缘需额外延伸（通常为3mm）作为出血区域。

（2）文件准备。根据印刷需求，设定文件的尺寸、分辨率（至少300dpi）及适当格式（如PDF、AI）。

（3）色彩模式。确定使用四色印刷（CMYK）或专色印刷。CMYK通过青、洋红、黄、黑四色组合呈现色彩，而专色是为特定色彩定制的独立油墨。

（4）套印与叠印技术。套印要求多色图案精确对齐，按顺序印刷；叠印涉及将一种颜色印刷在另一种颜色上，需考虑油墨的透明性和干燥速度。

（5）陷印处理。为确保相邻两色图案边缘不出现白边或重影，采用轻微重叠的陷印技术。

（6）四色与专色应用。根据设计需求选择使用标准的CMYK或额外的专色印刷，专色需单独制版。

（7）拼版优化。为提升印刷效率，多个小版面被组合成一个大版面进行印刷，之后再裁切成单个成品。

这些步骤相互依存，正确处理至关重要，以确保印刷品的清晰度、色彩还原度和最终成品的质量。

（二）印刷工艺

目前印刷包装行业中，多种印刷工艺被广泛应用，采用哪一种印刷工艺往往取决于具体的印刷需求、材料类型和生产规模。以下是一些在印刷包装中常用的印刷工艺。

（1）胶版印刷（平版印刷）。由于其印刷质量高、速度快和成本相对较低，胶版印刷在包装印刷中占据重要地位。它适用于大批量的包装印刷，如纸盒、纸箱、标签等。

（2）凹版印刷和凸版印刷。凹版印刷和凸版印刷在包装印刷中也具有一定的市场份额。由于制版成本较高和印刷速度相对较慢，它们通常用于印刷高品质的图像和文字，如烟酒包装等。

（3）柔版印刷（柔性版印刷）。柔版印刷在包装印刷领域中的应用不断增加。它适用于各种不平整的表面和材料，如瓦楞纸箱、塑料袋、标签等，具有印刷速度快、成本低和环保性好的优势。

（4）数码印刷。随着数码技术的发展，数码印刷在包装印刷中的应用也越来越广泛。它适用于小批量、多品种和个性化的包装印刷需求，如样品、试制品和定制包装等。数码印刷具有快速、灵活和无须制版的特点。

（三）制版工艺

制版工艺在提升印刷品附加值和美观度方面发挥着重要作用。在印刷包装中常用的制版工艺如下。

（1）印刷制版是印刷前的核心工艺，是将原稿转化为可用于印刷的印版。这一过程涉及图文处理、分色、拼版等步骤，可确保印刷品的清晰度和准确性。

（2）刀模版主要用于模切工艺，通过在印版上制作出特定的刀线和凹槽，使印刷品在后续加工中能够按照预定形状进行裁切或折叠。

（3）烫金版可在印版上制作出金属质感的图文，增加印刷品的华丽感。

（4）凹凸版则通过制作出凹凸不平的图文，使印刷品具有立体感和触感效果。

（四）装饰工艺

包装印刷中常用的装饰工艺有很多种，可以增加包装的美观度，提升产品价值，并满足特定的功能需求。以下是一些常用的装饰工艺。

（1）烫金/烫银。这是一种将金属箔或颜料箔按烫印模版的图文转印到被印刷材料表面的工艺。它使得包装呈现出金属质感和华丽效果，常用于高档包装和品牌标识的突出显示。

（2）凹凸压印（凹凸纹）。利用凹凸模具，使印刷品表面形成凸起的图案或文字。这种工艺可以创造出立体感和触感效果，提升包装的质感和辨识度。

（3）紫外线（UV）上光/局部UV。UV上光是通过紫外光固化涂料在印刷品表面形成高亮、耐磨的光泽层。局部UV则是在特定部分应用该工艺，以突出图案或文字的视觉效果。它常用于增加包装的吸引力和保护印刷品。

（4）激光/全息效果。应用激光技术在包装材料上制作激光图案或全息图，使包装在不同角度下呈现出变幻的色彩和光影效果，增加视觉冲击力和提供防伪功能。

（5）模切。利用模具对包装材料进行切割或制造压痕，形成特定形状和结构。模切工艺可以实现各种创意形状和功能性设计，如开窗、立体造型等。

（6）植绒。在包装表面涂布胶黏剂后，将短纤维绒毛撒在胶黏剂上，使其垂直附着于包装表面。植绒工艺赋予包装柔软、绒的触感，常用于化妆品、礼品等高档产品的包装。

（7）金属质感印刷。使用特殊油墨和印刷技术，在包装上模拟金属的光泽和质感。这种工艺可以实现类似金色、银色、铜色等金属效果的印刷，提升包装的高档感和时尚感。

（8）冰花。通过特殊工艺在印刷品表面形成类似冰晶的图案，具有独特美感。

（9）折光。利用光学原理在印刷品上形成折射效果，使图案呈现动态变化。

（10）发泡。在印刷品上涂布发泡油墨，经加热后形成凸起的泡沫状图案。

（11）光雕。利用激光在印刷品表面雕刻出精细的图案或文字，具有高精度和高对比度的特点。

（12）压纹。通过压印机在纸张或纸板表面形成特定纹理，增加触感和视觉效果。

（13）滴塑。在印刷品表面滴上透明或半透明的塑料，形成凸起的装饰效果。

（14）磨砂。使印刷品表面呈现磨砂效果，增加触感和视觉效果。

（15）香味印刷。在油墨中加入香料，使印刷品具有特定的香味。

（16）荧光印刷。使用荧光油墨进行印刷，使图案或文字在紫外线下呈现特殊效果。

这些装饰工艺各具特色，可以根据不同的设计需求选择使用，为印刷品增添独特的视觉效果和触感体验。

（五）表面处理工艺

表面处理工艺是提升包装印刷品耐用性、美观度和触感的重要手段。以下是几种常见的表面处理工艺。

（1）覆膜。在印刷品表面覆盖一层塑料薄膜，增加耐磨、防水、防污等特性，同时提高光泽度。常用的覆膜材料有光膜和亚光膜，可根据不同需要选择。

（2）过油。在印刷品表面涂布一层油性物质，增加光滑度、防刮性和耐折性，通常用于提升纸张的品质感。

（3）压光。通过压光机的高温高压处理，使印刷品表面更加平滑、光亮，提高整体视觉效果。

（4）对裱。将两张或多张纸张裱糊在一起，增加厚度、硬度和挺度，常用于制作精装包装盒等高档产品。

（5）微弧氧化。这是一种在铝、镁、钛等金属及其合金表面，通过微弧放电产生的高温高压作用，生长出陶瓷膜层的技术。这种技术能显著提升金属表面的硬度、耐磨性和耐腐蚀性。

（6）金属拉丝。这是通过研磨产品，在工件表面形成线纹，从而达到装饰效果的一种表面处理手段。它能赋予金属表面独特的质感和美观度。

（7）喷丸。这是一种利用丸粒轰击工件表面并植入残余压应力的冷加工工艺，能显著提升工件的疲劳强度。

（8）蚀刻。这是一种利用化学反应或物理撞击作用将材料移除的技术，常用于制作凹凸不平或镂空成型等效果。

以上都是常见的表面处理工艺，它们各具特色，可以根据具体需求和应用场景进行选择。

第三节　助力乡村振兴的包装设计实例体验

一、设计缘起

（一）课程思政与乡村振兴——设计之力的双重融合

为了将立德树人根本任务与课程教学任务紧密结合，品牌包装设计课程选题时可以鼓励同学们将所学知识与设计智慧应用于乡村振兴的实践中，以实际行动助力乡村焕发新的生机与活力，激发大学生们走进乡村、了解乡村、挖掘乡村之美。

本节的设计实例体验选取了第十届未来设计师NCDA大赛：于都县新长征文化创意设计公益赛事中的于都农产品的包装设计。

于都县是一座位于江西省赣州市东部的古老县城，拥有2220多年的悠久历史，在革命战争时期作为中央苏区的核心县和巩固后方的基地，见证了红军的长征集结出发。如今，这片红色土地上的农产品，特别是以富硒产品为代表的特色农产品，正亟待通过品牌包装设计来提升其市场竞争力。

设计助力乡村振兴的重要性不言而喻。优秀的包装设计能够提升农产品的品牌形象，使之在激烈的市场竞争中脱颖而出。对于于都的农产品而言，融入当地的历史文化和红色元素，讲好产品故事，打造独具特色的包装设计，无疑是将这些产品推向更广阔市场的关键一步。通过这种方式，不仅能够提升农产品的经济价值，更能够传承和弘扬于都的红色文化和乡村特色，为乡村振兴贡献一份力量。

（二）市场热点——国潮崛起与农产品品牌化的新篇章

国潮热背后映射出的是深厚的民族文化自信。国货品牌历经沉淀与创新，已从过去的低端标签中崛起，凭借创新理念和品牌故事，在多个细分市场展现出强大的竞争力。从日常用品到高科技产品，乃至农产品，国货都融入了东方美学和年轻元素，形成了独特的中国风格。

同时，数字化趋势正深刻影响着农产品品牌的重塑。电商平台利用大数据和精准营销，集中呈现消费者需求，为农产品细分品类构建庞大数据库。这促使供应商在产品开发、供应链、营销和传播等方面进行全面升级，以更好地适应新的市场需求。在这场竞争中，快速响应和持续创新的品牌将领先一步，推动农产品的品牌化发展。

值得一提的是，国潮文化也为农产品品牌化带来新的契机。然而，简单的国潮元素堆砌并不足以让品牌脱颖而出，反而可能陷入同质化竞争。因此，农产品品牌需要深入挖掘产品特色，结合国潮设计理念进行全面而独特的包装和推广，以真正体现品牌价值并赢得消费者认可。

在节日期间，走亲访友的传统习俗使得消费者对礼品的选择愈加考究。尽管保健品和食品依然占据市场的一席之地，但年轻一代的消费群体已不再满足于这些传统选项，开始寻求那些既能彰显个性，又蕴含深厚文化底蕴的礼品，以满足对节日氛围和情感表达的需求。

在这样的市场背景下，文创农产品伴手礼逐渐成为年轻消费者表达情感、传递文化的新媒介。

设想一下，如果设计推广出一款将于都的红色革命文化与富硒农产品完美融合的文创伴手礼，采用满版国潮风的包装设计，将中国传统文化的韵味与现代审美趋势相结合。这种创意不仅可提升农产品的附加值，更可满足消费者对健康和文化内涵的双重追求；不仅迎合了消费者对个性化的追求，更承载了地域文化和红色革命精神的传承。

（三）设计人员

助力乡村振兴的包装设计实例体验中引用的品牌包装案例的设计者为浙江农林大学艺术设计学院石卓恩同学；指导教师为黄慧君。

二、市场调研

（一）富硒市场分析

（1）市场优势。富硒产品需求持续增长。在全球范围内，硒元素的缺乏是一个普遍现象。据统计，全球有42个国家和地区面临硒缺乏的问题，而我国更是有高达72%的地区处于硒缺乏或低硒状态。这种广泛的硒缺乏现象为富硒产品提供了巨大的市场空间。欧美富硒农业已相对成熟，富硒牛奶、鸡蛋及肉类产品已成功进入市场并获得消费者的认可。我国富硒产业虽起步较晚但发展快，受大健康战略推动，市场前景广阔。

（2）市场挑战。富硒农业发展存在多重短板。主要表现为品牌管理问题，如富硒产品标注不统一，缺乏规范和标准，消费者选择困难；市场认可度有待提高，多数人对硒了解有限，许多消费者尚未意识到硒缺乏对人体健康的潜在危害，这在一定程度上限制了富硒产品的市场推广和销售；目前市场上富硒保健品的比重较大，且消费者青睐度较高，但农副产品种类少，消费者缺乏关注。

（二）消费者市场分析

国内经济持续增长，带动生活水平提升，人们越来越重视健康。中高收入群体对生活品质有了更高要求，不仅看重产品质量，还追求包装和品牌调性。富硒产品因其独特的营养价值而受到市场欢迎。

中青年（21～49岁）是富硒产品的主要购买者，他们通常学历高、经济稳定，对富硒产品有较多了解，购买原因主要如下。

（1）关注健康。面对生活和工作压力，中青年更加关注身体健康，认识到硒元素对健康的重要性。

（2）追求品质。随着生活质量提升，中青年开始注重产品的营养价值和品牌调性，以体现个人品位。

（3）孝敬长辈。中青年购买富硒产品也是出于孝敬长辈的考虑，认为其能为长辈提供更全面的营养。

（4）开放心态。相较于其他年龄段，中青年更易接受新鲜事物和高品质产品，对富硒产品持开放态度。

（5）爱国情怀。受红色精神影响，中青年积极响应国家健康饮食号召，会购买符合政策导向的健康食品。

富硒产品市场预计将持续增长，中青年作为消费主力，其购买意愿和消费能力对市场趋势有重要影响。因此，针对中青年消费者的需求和偏好进行精准营销和产品创新至关重要。品牌应关注中青年的生活方式、价值观和健康观念，推出符合目标消费群体期待的富硒产品。

（三）市场包装竞品的分析

目前，市场上的富硒大米和文创农产品伴手礼的包装设计呈现两极分化趋势。一方面，有针对中老年消费者的传统红色包装；另一方面，也有针对年轻消费者的设计精美、层次感强的精品包装。但当前将农产品与文创相结合的产品仍然较少，具有较大的市场潜力。因此，基于市场包装竞品的分析凝练的设计理念为：打造一个既能吸引中青年消费者购买并孝敬父母长辈，又能让长辈感受到红色革命文化底蕴的普及式伴手礼品牌。通过结合国潮设计和地域特色，提升农产品的附加值和市场竞争力。

（四）SWOT分析

（1）优势（Strengths）。创新结合：当前市场上农产品包装多偏向传统，将富硒农副产品与文创产业结合，采用国潮插画风进行设计，可吸引更广泛的消费群体，凸显产品的地域特色和人文精神；文化体验：结合文创元素的富硒农产品不仅能满足物质需求，更提供文化体验，使消费者在购买时感受到产品的独特魅力和文化内涵。

（2）劣势（Weaknesses）。包装材料限制：当前文创农产品在包装材料上的设计考量不足，多依赖原始材料的直接使用，这在一定程度上限制了产品的吸引力和消费者的购买欲望；生态结合不足：文创农产品未能充分与生态结合，缺乏在包装材料上的环保和创新设计，这可能会影响产品的市场竞争力。

（3）机遇（Opportunities）。市场潜力：富硒农产品市场尚未完善，品牌行业缺乏规范，文创与富硒农产品的结合作为新兴产业，拥有巨大的市场发展空间；品牌建设：通过创意包装和设计，可将农特产品打造为兼具设计感和情怀的品牌农产品，展现乡村风貌和人文精神，从而抓住消费者心理，促进产品销售。

（4）威胁（Threats）。市场竞争加剧：文创农产品市场发展迅速，众多品牌涌现，包装设计水平不断提升，国潮风的广泛应用可能导致审美疲劳，对产品的市场竞争力构成威胁；消费者偏好变化：随着市场的发展和消费者偏好的变化，若不能及时调整和创新产品策略，可能面临市场份额被侵蚀的风险。

（五）于都文创农产品的发展策略

（1）市场机遇。于都地区拥有丰富的地域特色和深厚的文化底蕴，特别是作为红军长征的起点，其历史意义深远。同时，该地区物资丰饶，富硒产品众多，为文创农产品的发展提供了得天独厚的条件。将文化与农产品相结合，实现文创产业升级，是于都地区面临的重要契机。

（2）包装策略。为满足现代消费者的审美和情感需求，于都文创农产品的包装应紧密结合地域特色，设计出既符合大众心理预期又具有创新性的包装。包装风格应趋于年轻化，结合主流国潮文创元素，同时推出中高档精品包装，以展现产品的品质和文化底蕴。通过文创+富硒农产品的品牌效应，吸引中青年消费者，推动销售和文化传播。

（3）方案概述。方案一："不破不立"。针对农产品包装传统、土味的刻板印象，提出以于都地域文化和产业结构为基础，将文创与富硒农产品相结合的策略。通过对粮油、蔬菜、茶叶等小类进行国潮风插画设计，打造文创礼盒，为市场注入新鲜活力，吸引更广泛的消费群体。方案二："立足本质"。针对当前富硒农产品品牌发展不规范、缺乏统一管理和文化底蕴的问题，提出走中高端路线，以精品大米包装作为切入点。通过打造具有个人IP和文化符号的高端产品，满足中青年消费者对高品质生活的追求和产品调性的需求。

（4）结论。于都文创农产品的发展应充分利用地域特色和文化底蕴，通过创新包装策略和精准的市场定位，实现文化与农产品的有机融合。通过实施"不破不立"和"立足本质"两大方案，推动于都文创农产品市场的繁荣和发展。

三、文创农产品定位策略：坚守传统，创新特色，以情感人

在文创农产品的开发中，坚守文化根本，深入挖掘中国传统文化的精髓，将其与现代审美和消费需求相结合，打造出独具特色的农产品。通过洞察消费者的内心需求，将风土人情与传统文化巧妙嫁接，让农产品不再仅仅是生活的必需品，更成为传递情感、弘扬文化的载体。

在品牌故事的讲述上，注重情感的渲染与传递，用真挚的情感为农产品制造溢价空间。每一个农产品背后都隐藏着一段关于土地、关于人文、关于传承的动人故事，这些故事将成为消费者与农产品之间情感连接的纽带。

同时，在产品的包装设计上，静心寻找灵感，将创意与传统文化元素相融合，打造出既具有现代感又不失传统韵味的包装。这样的包装，不仅能够提升农产品的附加值，更成为消费者展示自我品味和文化素养的窗口。

文创农产品的策略在于坚守传统、创新特色，并以情感人。通过深挖风土人情、传承创新传统文化、讲述品牌故事，以及创意包装设计，为消费者提供更具文化内涵和情感共鸣的农产品。

四、设计点的凝练

（一）"有情怀"的品牌包装设计

本设计旨在通过深度挖掘于都的历史积淀与文化资源，打造一系列充满情怀的品牌包装设计。结合当地独特的风土人情与文化底蕴，以创新的设计手法将富硒农产品与于都特色相结合，培育出既具设计感又富含情怀的农产品品牌。

设计核心在于将无形的文化转化为有形的产品，使于都的地方特色与文化风情

得以具象展现。为此，选取了具有纪念意义和观赏性的于都地标建筑作为设计元素，并创作出与民俗、美食、特产等相关的国潮插画，以富硒产品为基础，打造新潮的文创农产品伴手礼。

每一款包装设计都承载着深厚的文化内涵和情感记忆。通过"红色记忆""神话记忆""传承记忆"三大主题，将于都的红色历史、神话传说和古韵乡情融入产品之中。使消费者在购买和品味这些富硒农产品的同时，也能感受到于都的独特魅力和文化底蕴。

此设计不仅是对乡村革新建设和历史传统文化传承的一种响应，更是弘扬红色精神、传递乡愁情感的重要媒介。希望通过这一系列设计作品，让更多人了解并爱上于都，让于都的特色与文化在新时代焕发出新的光彩。

（二）前期情绪板的整理

精选特征鲜明、富有纪念意义和观赏价值的景点和于都的地标性建筑作为设计点的灵感来源。在此基础上，融入与民俗、美食、特产紧密相关的国潮元素，力求在设计中展现于都的独特魅力和文化底蕴（图4-30）。

以于都景点为基础，提取特征明显具有纪念意义和观赏性的建筑，结合分类相关的民俗、美食、特产等国潮元素。

1. 红色革命（旧址纪念地）
结合文创农副产品——蔬菜

长征源花坛
中央红军长征出发纪念碑
毛泽东旧居——何屋
长征源民俗博物馆

故事：于都硒土辽沃，盛产富硒蔬菜，优质的水土孕育出优秀的人，富硒蔬菜带来的营养给予红军与当地农民源源不断的动力，这也是于都能成为红军长征起源地的原因。

2. 秀色山水（美丽乡村）
结合文创农副产品——粮油

潭头社区
兰花小镇
屏山旅游区

故事：于都山川秀丽，传说有神仙于此修炼，炼化丹气，净化了土地。依托天然富硒资源，潭头人大力发展富硒蔬菜大棚，推出的富硒大米深受红军阿哥和农民的喜爱。

3. 古村风情（古村落建筑）
结合文创农副产品——盘古茶

寒信古村
谢屋古村
黄金潭老码头
上方村

故事：于都拥有深厚的文化底蕴，身为千年人文之乡，无数文人于此创造非凡成就。在这个古村风情浓厚的城镇，流传着一种神奇的茶，那就是爷爷泡的茶——盘古茶。

形式参考案例

图4-30 情绪板的整理示意图

五、品牌包装设计呈现

（一）产品名称构想

构思品牌名称是一个颇具挑战的环节，既要深入挖掘于都当地的特色和文化底蕴，也要紧密结合产品的独特性。在命名过程中，可通过幽默、诙谐、谐音等手法，让品牌名称既富有趣味性，又能准确传达品牌的核心价值。

最终确定的系列产品名称为"国潮风系列文创农产品伴手礼"；品牌名为"拾忆于都"；产品名为"富硒蔬果""富硒粮油""盘古茶"。

值得一提的是，设计团队在项目初期就精心策划了整体故事情节，这一策略为品牌名称的构想提供了有力的支撑。在故事与名称的相互呼应中，更容易找到与品牌调性相契合的命名方向，从而确保品牌名称既符合市场需求，又能彰显品牌的独特魅力。

（二）包装结构及文案信息

拟定的系列品牌包装设计的结构及文案信息如表4-1所示。

表4-1 包装结构及文案信息

国潮风系列文创农产品伴手礼			
品牌·产品	拾忆于都·富硒蔬果	拾忆于都·富硒粮油	拾忆于都·盘古茶
大包装	手提袋＋指扣可拎纸盒	手提袋＋翻盖礼盒	手提袋＋指扣天地盖
小包装	塑封包装袋（500g）×3	米包装（500g）×3 梓山酱油（500mL）×1	盒条装 （240g＝8×30g）×4
主文案信息	拾红色记忆，品富硒蔬果	拾神话记忆，品富硒粮油	拾传承记忆，品特色茶叶
次文案信息	**1.红色之旅** 　梦回长征源，又见红军渡，走近长征起点于都，听红色故事，赏绿色山水，品富硒食品，寻悟红色之旅，汲取再出发的力量 **2.品优质农特　赏传统文化** 　有味道有故事有回忆，红色精神是我们的职责，正是我们新一代出发的新起点与新长征，建设祖国的长征之路才刚刚开始	**1.神话之旅** 　行屏山顺涧而上的山道，聆听潺潺的涧水欢唱，高险奇峰异石的瀑布下孕育着优质富硒粮油，听古老神仙传说，品味富硒粮油，寻悟神话之旅，汲取再出发的力量 **2.品优质农特　赏传统文化** 　有味道有故事有回忆	**1.传承之旅** 　自然生态风景优异，千年古村坐落于此，那古老的乡村，现有崭新的活力，盘味于都古韵古乡，盘味悠久历史特色茶叶，传承古老人文特色与精神，打造新旧结合新气象，寻悟传承之旅，汲取再出发的力量 **2.品优质农特　赏传统文化** 　有味道有故事有回忆

（三）包装标签的设计

在包装标签的设计上，强调整体的简洁与一致性，仅对选定的字体进行了细微的装饰处理，如点缀寓意深刻的红点，象征着拾起往昔的珍贵记忆。同时，通过精心构建文字的层级关系，确保标签的明确性和目的性，使信息传达更为清晰。

在标签的整体设计上，注重与包装格调的和谐统一，避免了过于浮夸的装饰元素，转而专注于突出文字层级的内容。经过多次方案尝试与颜色搭配的微调，力求每一处细节都能完美融入整体包装，共同营造出令人难忘的视觉效果（图4-31）。

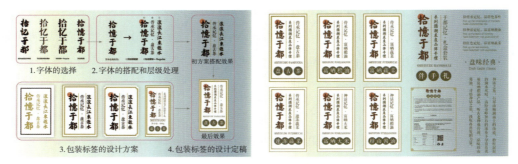

图4-31　包装标签设计示意图

（四）包装插画的绘制

品牌包装的主图形通过系列插画来展现于都文化的独特魅力。在插画设计的过程中，深入挖掘于都的当地文化元素，并将其与产品特性相结合，力求呈现既具有于都文化底蕴又符合市场定位的作品（图4-32）。

图4-32　包装插画设计

首张插画的创作过程充满挑战，但一旦找到正确的方向，后续插画的绘制便如鱼得水，顺畅许多。

在元素提取上，深挖地域文化，着重考虑产品的定位与调性以及与于都文化的关联性，力求在画面中凸显产品的核心价值。对画面细节进行了多次修改和微调处理，以确保其与整体画面的和谐统一。

在颜色的选择上，打破了传统农产品包装设计的深色调思维，采用渐变色效果，这种独特的主色调使得产品更具活力和现代感。

（五）包装设计的完稿制作

根据前期拟定的包装类型，分别制作蔬果、粮油和茶叶的大、小包装的完稿展开图。由于篇幅所限，正稿制作和效果图的呈现均以茶叶包装为例，其余部分请扫描二维码查看完整的设计（图4-33）。

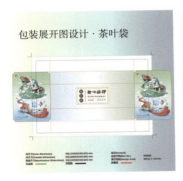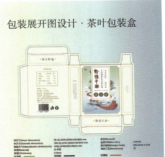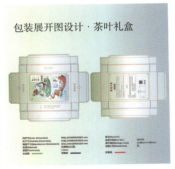

图4-33　包装完稿制作

（六）包装设计的效果图制作

在包装效果图制作过程中，模型制作或样机的选择至关重要。很多同学对样机的认知度较低，认为简单地将设计贴上即可。然而，好的作品需要恰当的媒介来呈现。因此，在样机的视觉效果上需下足功夫，可反复尝试多种角度、打光和表现效果，力求找到最符合产品调性的呈现方式。

选定主体表现效果后，接下来的关键是调整画面的色调与内容表现。整体画面调性必须与产品调性相契合，如茶叶需与清新画面相搭配，所有产品色调统一，整体明暗度提升，确保突出内容主体及包装的精彩部分，营造出一种积极向上的舒适感（图4-34）。

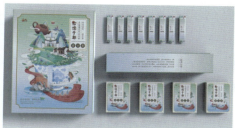

查看详情

图4-34　包装效果图制作

第四节　结合非遗文化的老字号包装设计实例体验

一、设计缘起

（一）课程思政与非遗文化的融合

非物质文化遗产（以下简称非遗文化）与艺术设计教学的结合对文化传承意义重大。高校在培养高素质人才的同时，也承担着文化传承的责任。非遗文化作为中华民族的精神瑰宝，其地域和民族特性使其成为艺术设计的研究核心。然而，随着时代审美的变迁，一些传统文化面临失传危机。因此，将非遗文化融入高校艺术设计课程，并与思政教育相结合，对于提升民族文化自信、延续民族精神至关重要。

在品牌包装课程体系中，可紧密结合非遗文化展开实训，体现传统文化精髓，通过项目式教学模式培养学生的创新和实践能力，推动非遗文化的传承与发展。

具体实施上，可以依托具体的非遗项目，将非遗元素引入课程教学，引导学生挖掘非遗文化元素进行创新设计。结合设计竞赛与课程实训，让学生在实践中积累设计经验、开拓设计思维。这样的教学模式不仅有助于提升学生的综合素质，还能通过行业交流活动拓展学生的设计视野，激发其创新设计思维。同时，非遗文化的课程项目导入也有助于学生培养吃苦耐劳、精益求精的学习和生活态度，深刻理解并传承非遗的"工匠精神"。

（二）非遗文化与老字号品牌联名

非遗文化与老字号品牌联名为非遗的保护与传承提供了新的路径。品牌的影响力可以助力非遗文化更有效地传播，而老字号品牌承载着深厚的文化底蕴和商业价值。通过联名活动，非遗文化得以焕发新的生命力，同时老字号品牌也能够实现创新发展。

联名活动的设计策略是关键。需要提炼非遗文化的核心元素，与老字号品牌的特色相结合，打造出独特的联名产品。这种融合不仅可以提升品牌的文化内涵，还能够满足现代消费者的审美和实用需求。

本节的包装设计实训以非遗文化中的二十四节气与老字号品牌"稻香村"的联名为例，通过提炼二十四节气的视觉要素并应用到稻香村的包装设计中，既创新了包装形式内容，又促进了非遗文化的活态传承。这种联名模式可实现商业与文化的双赢，为非遗文化的传承与老字号品牌的发展提供了新的思路。

在非遗文化与老字号品牌联名的过程中，应注重文化属性与商业属性的有机结合。通过挖掘非遗文化的商业价值、提升老字号品牌的文化内涵，实现文化与商业的互补与共赢。

（三）设计人员

结合非遗文化的老字号包装设计实例体验中引用的品牌包装案例的设计者为浙江农林大学艺术设计学院张烨同学；指导教师为黄慧君。

二、前期调研

（一）二十四节气

"春雨惊春清谷天，夏满芒夏暑相连。秋处露秋寒霜降，冬雪雪冬小大寒。"二十四节气这一历法中的自然节律变化，不仅指导着农耕生产，更蕴含着深厚的文化内涵。作为中华民族悠久历史文化的重要组成部分，它在上古农耕文明中孕育而生，通过观察天体运行，认知时令、气候、物候等变化规律。如今，二十四节气被誉为"中国的第五大发明"，并在2016年被列入联合国教科文组织《人类非物质文化遗产代表作名录》。

二十四节气分别为：立春、雨水、惊蛰、春分、清明、谷雨、立夏、小满、芒种、夏至、小暑、大暑、立秋、处暑、白露、秋分、寒露、霜降、立冬、小雪、大雪、冬至、小寒、大寒。

（二）老字号品牌稻香村

稻香村有南北之分，分别指的是苏州稻香村和北京稻香村。

苏州稻香村，始创于1773年（清乾隆三十八年），是中国糕点行业现存历史最悠久的企业之一，也是经国家认证的"中华老字号"。它以中式糕点、青盐蜜饯、糖果炒货为主要经营产品，已经持续经营了两个半世纪，已成为一种民族文化符号。

北京稻香村，始建于1895年（清光绪二十一年），是京城生产经营南味食品的第一家。生产糕点、肉食、速冻食品、月饼、元宵、粽子等特色食品，是"中国驰名商标"，也是经国家认证的"中华老字号"。

两者都是中国糕点行业的著名品牌，深受消费者喜爱。

（三）稻香村的廿四节气馆

由北京稻香村开设，是该品牌对传统文化的一种独特诠释和传承。结合中国传统的二十四节气，稻香村在产品设计和包装上融入节气元素，推出与节气相关的特色糕点和食品，如立春咬春卷、雨水润春糕、惊蛰春花酥、春分茉莉饼、清明肉松蛋黄青团、谷雨椿芽酥、立夏橘香饼、小满桂圆酥、芒种青梅果、夏至莲子百合饼、小暑冰糕、大暑金谷酥、立秋知秋糕、处暑百合鸭果、白露雁南茶糕、秋分石榴果、寒露螃蟹酥、霜降柿饼、立冬翡翠如意酥、小雪腊肠奶酥、大雪寻梅酪、冬至果子酥饺、小寒八宝福糕、大寒消寒糕。这些特色产品不仅丰富了产品的文化内涵，也为消费者提供了一种全新的文化体验。

三、品牌包装设计

（一）产品定位

（1）项目名称。北京稻香村二十四节气中式糕点包装设计。

（2）设计点凝练。基于稻香村品牌的深厚底蕴与二十四节气的独特内涵，初步设想品牌包装的主视觉采用长卷插画风格，以精致细腻的仿古暖色笔触，将每个节气的糕点与标志性花卉、深植人心的文化习俗以及丰富的精神寓意巧妙地糅合在一起。

（3）产品名称。二十四节气蕴含着和谐统一、顺应自然的智慧，节气饮食作为体现这一智慧的重要方式，强调食材的应季与顺时，追求饮食与时序的和谐相融。基于此，稻香村品牌推出与节气紧密相关的特色糕点和食品，旨在让消费者在品味美食的同时感受节气的魅力。为更好地传播品牌理念，结合产品特点与主视觉设计，将二十四种系列糕点总命名为"廿四盛宴"，既直观展现了品牌产品与二十四节气的紧密关联，又彰显了品牌致力于打造节气美食盛宴的决心与追求。单款产品均以节气命名，如"大暑金谷酥""雨水润春糕"，旨在让消费者在品味美食的同时感受节气的独特魅力。

（二）主视觉插画设计

借鉴传统东方画的散点透视构图，用喧哗热闹的笔调，借助十里长街，十里稻花香，展示二十四节气不时不食之乐以及人世间烟火气息的温暖与慰藉，传达稻香村品牌所承载的深厚文化与情感价值。

为让画面更加鲜活灵动，精心设计了一系列小龙人（2024年是甲辰年，中国人又被称为"龙的传人"）IP形象，他们穿梭于街头巷尾，或踏春、品茗，或舞龙、放鱼灯，这些源自生活的风俗活动满溢着人间烟火气息，不仅共同传递着民族传统文化的深厚价值，更以艺术的方式演绎着生活的丰富多彩。这些小龙人，既是情怀的载体，也传递着国民的文化需求；他们紧贴群众平凡生活，同时激发着人们对美好未来的持久向往（图4-35）。

为了让消费者更深入地了解稻香村品牌的产品，采用微缩景观的手法，精心绘制了代表二十四节气的特色糕点和食物（图4-36）。

整幅画卷以一座精致的拱桥为中心，向两侧徐徐展开，左侧呈现秋冬的温馨与宁静，右侧则是春夏的生机与活力，共同组成了一幅完整的二十四节气图景，画卷命名为《廿四盛宴图》。这一设计不仅巧妙契合了稻香村品牌的形象，更在细节中展现了人间的温暖烟火、日常的家长里短，以及安居乐业的繁荣景象（图4-37）。

包装设计的每一个细节都承载着产品的故事和品牌的价值。包装插画不仅仅是一幅图画，更是品牌与消费者之间沟通的桥梁。

当插画完成，包装设计便进入了版式设计阶段，这个阶段的工作同样至关重要。为了满足包装设计的多样化需求，使插画更好地融入产品的整体形象中，并确保最终效果的完美呈现，可根据实际需要，结合包装的文字信息、色彩、色调、灵活运用插画的全色稿以及黑、白线稿（图4-38）。

白线稿在包装设计中常以反白的形式呈现。在本套品牌包装设计中，为了确保与糕点产品的紧密关联和整体协调，特别选用了与产品息息相关的黄橙色调作为底色，既突出了白线稿的细节，又与产品风格相得益彰（图4-39）。

品茗　算账　踏春　吃糖葫芦　舞龙　放鱼灯　荡秋千　静坐　咬春　消暑

图4-35　小龙人IP形象

立春——咬春卷　雨水——润春糕　惊蛰——春花酥　春分——茉莉饼　立夏——橘香饼　小满——桂圆酥　芒种——青梅果

小暑——冰糕　立秋——知秋糕　处暑——百合鸭果　白露——雁南茶糕　秋分——石榴果　霜降——柿饼　大雪——寻梅酪

图4-36　节气特色糕点形象（部分）

图4-37　《廿四盛宴图》全色稿

图4-38　《廿四盛宴图》黑线稿

图4-39　《廿四盛宴图》白线稿

（三）标签设计

包装的标签设计灵感来源于传统建筑中经典的海棠花窗。

海棠花窗背后所蕴含的，是一种含蓄而古典的东方美学，如同中国画中的留白，营造出高雅浪漫的生活空间，展现出中国人独有的生活品位。其不仅仅是艺术，更是民族文化内涵的深刻体现。它所折射出的"引而不发，显而不露"的哲学思想，是中华民族独特历史文化和审美情趣的生动写照。国人对于海棠的热爱，不仅源于其花朵的美丽，更在于其所承载的美好寓意——金玉满堂、玉堂富贵、满堂平安。这些寓意，与海棠花窗所代表的美学理念相得益彰，共同构建了中国人心中的理想生活图景。在包装标签设计中融入海棠花窗元素，不仅是对传统文化的致敬，更是现代审美与古典韵味的融合（图4-40）。

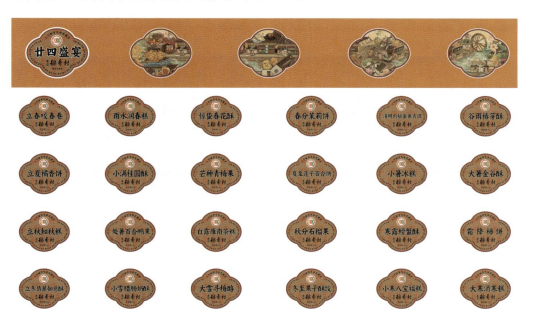

图4-40　标签设计

（四）系列包装设计

北京稻香村二十四节气中式糕点系列包装共设计了精品礼盒、经济实惠、时令雅韵三个系列的包装。

1. 精品礼盒系列

精品礼盒采用金属外盒，不仅因其质感和美观性可提升糕点的档次，还因其坚固耐用和防潮防氧化特性，能有效保护糕点并延长其保质期。此外，金属外盒在日常生活中可再利用为收纳或装饰盒，实用且环保。这种选择既艺术又可持续，为糕点品牌增色不少。

本次设计了两种风格的精品礼盒套装，共四种花色。其中，外盒设计分别以秋冬和春夏为主题，呈现出独特的季节韵味；内盒则提供纸质和金属两种材质选项，以满足不同消费者的需求和偏好。这样的组合既丰富了礼盒的多样性，又确保了其实用性和美观性的完美结合（图4-41）。

（a）外盒秋冬款效果图

（b）外盒春夏款效果图

（c）内盒纸材款效果图

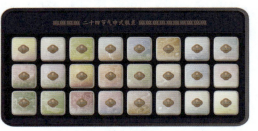

（d）内盒金属小罐款效果图

图4-41　精品礼盒效果图

为了满足追求时尚情怀的消费者的独特需求，为精品礼盒设计了外带式包装，特别采用了仿箱包的结构，在细节上彰显了品质与精致，契合目标消费者的审美与生活方式追求。通过这一创新设计，旨在为消费者提供一种既实用又具美感的礼品包装选择，让每一次的购买与赠送都成为一次品位与情感的传递（图4-42）。

（a）正面效果图　　　　　　　　　　　　　　（b）背面效果图

图4-42　外带箱包式包装效果图

　　考虑到精品礼盒的高再利用价值，为稻香村品牌特别设计了可移除式的品牌标签。这一巧思，旨在解决品牌标识对礼盒二次使用的潜在干扰，同时传递出设计者珍视资源与环保的坚定立场。轻松一揭，标签即去，礼盒随即化身为消费者家中的实用收纳或雅致装饰，延续其美观与实用并存的使命（图4-43）。

（a）正面去除标签的效果图　　　　　　　　　（b）背面去除标签的效果图

图4-43　外带箱包式包装去除标签的效果图

　　即便标签被移除，稻香村的品牌标志与名称仍巧妙融于主视觉插画所绘制的商街之中，既不突兀又耐人寻味。如此设计，既促进了礼盒的循环利用，又悄然延续了品牌故事的传播，让消费者在享受绿色生活方式的同时，不自觉地成为稻香村品牌形象的传播者（图4-44）。

2. 经济实惠系列

　　实惠的经济型包装选择纸材料。因其成本低廉，且可回收再利用，既经济又环保。纸材极强的可塑性使其能轻松适应各种糕点形状和尺寸，可满足多样化包装需求。同时，纸质材料的印刷效果佳，视觉呈现优良。

　　经济实惠系列分为组合装（图4-45）和单品包装，以满足不同的消费需求。

图4-44　品牌名称在包装插画中的植入设计

（a）方案一主平面设计稿

（b）方案一效果图

（c）方案二主平面设计稿

（d）方案二效果图

图4-45　组合装平面方案及效果图

单品包装设计的核心在于精准凸显产品的独特性与卖点。在本次设计中，通过专用标签在包装上显著地呈现了产品名称，以确保消费者在繁杂的商品中能够迅速锁定并选择相关产品。同时，为了深化品牌印象，设计融入了与品牌形象高度统一的字体、色彩及图案元素，借此强化了品牌的辨识度（图4-46）。

3. 时令雅韵系列

这一系列的设计，巧妙地运用了中国传统色彩，通过微妙的色彩渐变和《廿四盛宴图》的线稿共同构建稻香村品牌包装的主视觉形象。这种色彩的变化优雅地表现了二十四节气的自然轮回，使产品包装充满了浓厚的文化韵味和时令感（图4-47）。

尽管没有直接采用品牌的标志色，但整体设计依然紧密贴合品牌的调性，确保整体风格与品牌形象高度一致。这样的设计策略不仅展现了设计者对传统文化的尊重与融合，让消费者在购买产品的同时感受到中国传统文化的魅力，也能很好地将品牌理念传达给消费者，进一步巩固品牌在市场中的独特地位（图4-48）。

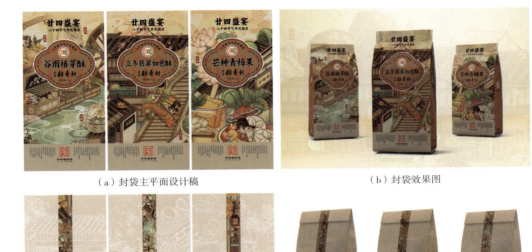

（a）封袋主平面设计稿　　　　　　　　　（b）封袋效果图

（c）牛皮纸袋主平面设计稿　　　　　　　（d）牛皮纸袋效果图

图4-46　单品包装平面方案及效果图

（a）主平面设计稿　　　　　　　　　　　（b）效果图

图4-47　时令雅韵系列之金属小罐装平面设计及效果图

图 4-48　插锁盒效果图

（五）版权保护

本套设计为概念设计，在落地执行前进行了相应的版权保护。

参考文献

1. 专著

[1] 加里·阿姆斯特朗, 菲利普·科特勒. 市场营销学 [M]. 王永贵, 译. 北京: 中国人民大学出版社, 2017.

[2] 托尼·巴赞. 思维导图 [M]. 李斯, 译. 北京: 世界图书出版公司, 2004.

[3] 华表. 包装设计150年 [M]. 长沙: 湖南美术出版社, 2004.

[4] 屈云波. 品牌营销 [M]. 北京: 企业管理出版社, 2004.

[5] 唐纳德·A·诺曼. 设计心理学 [M]. 北京: 中信出版集团, 2015.

[6] 爱德华·丹尼森, 理查德·考索雷. 包装纸型设计 [M]. 沈慧, 刘玉民, 译. 北京: 北京大学出版社, 2003.

[7] 曾敏. 从课堂到市场系列　市场实现 [M]. 重庆: 重庆大学出版社, 2011.

[8] 阿历克斯·伍·怀特. 字体设计原理 [M]. 徐玲, 尚娜, 译. 上海: 上海人民美术出版社, 2006.

[9] 约翰内斯·伊顿. 色彩艺术 [M]. 杜定宇, 译. 上海: 上海人民美术出版社, 1990.

[10] 劳拉·里斯. 视觉锤 [M]. 王刚, 译. 北京: 机械工业出版社, 2012.

[11] 方善用, 黄慧君, 杨文剑. 编排设计教程 [M]. 北京: 海洋出版社, 2013.

[12] 特伦斯·A·辛普. 整合营销传播广告、促销与拓展 [M]. 廉晓红, 等译. 上海: 上海人民美术出版社, 2005.

[13] 王安霞. 产品包装设计 [M]. 南京: 东南大学出版社, 2009.

[14] 易忠. 包装设计理论与实务 [M]. 合肥: 合肥工业大学出版社, 2004.

[15] 陈青. 包装设计教程 [M]. 上海: 上海人民美术出版社, 2009.

[16] 张满菊. 绿色生态理念下包装设计研究 [M]. 长春: 吉林出版集团股份有限公司, 2020.

[17] 黄慧君. 品牌故事　解读品牌构建与设计 [M]. 北京: 海洋出版社, 2022.

[18] 段纯. 包装印刷工艺 [M]. 北京: 印刷工业出版社, 2020.

2. 标准

[1] 中华人民共和国国家质量监督检验检疫总局, 中国国家标准化管理委员会. 包装术语（第1部分）: 基础: GB/T　4122.1—2008[S]. 北京: 中国标准出版社, 2008.

[2] 中华人民共和国国家质量监督检验检疫总局, 中国国家标准化管理委员会. 包装储运图示标志: GB/T　191—2008[S]. 北京: 中国标准出版社, 2008.

[3] 中华人民共和国国家质量监督检验检疫总局, 中国国家标准化管理委员会. 限制商品过度包装　通则: GB/T　31268—2014[S]. 北京: 中国标准出版社, 2014.

[4] 国家市场监督管理总局, 国家标准化管理委员会. 限制商品过度包装要求　食品和化妆品: GB　23350—2021[S]. 北京: 中国标准出版社, 2021.

[5] 国家市场监督管理总局, 国家标准化管理委员会. 限制商品过度包装要求　生鲜食用农产品: GB　43284—2023[S]. 北京: 中国标准出版社, 2023.

[6] 中华人民共和国卫生部. 食品安全国家标准　预包装食品标签通则: GB 7718—2011[S]. 北京: 中国标准出版社, 2011.

[7] 中华人民共和国卫生部. 食品安全国家标准　预包装食品营养标签通则: GB　28050-2011[S]. 北京: 中国标准出版社, 2011.

[8] 中华人民共和国国家质量监督检验检疫总局, 中国国家标准化管理委员会. 商品条码　零售商品编码与条码表示: GB　12904—2008[S]. 北京: 中国标准出版社, 2008.

[9] 中华人民共和国国家质量监督检验检疫总局，中国国家标准化管理委员会. 商品条码 条码符号印制质量的检验：GB/T 18348—2008[S]. 北京：中国标准出版社，2008.

[10] 中华人民共和国国家质量监督检验检疫总局，中国国家标准化管理委员会. 商品条码 条码符号放置指南：GB/T 14257—2009[S]. 北京：中国标准出版社，2009.

[11] 中华人民共和国国家质量监督检验检疫总局，中国国家标准化管理委员会. 包装术语（第4部分）：材料与容器：GB/T 4122.4—2010[S]. 北京：中国标准出版社，2010.

[12] 中华人民共和国国家质量监督检验检疫总局，中国国家标准化管理委员会. 包装用塑料复合膜、袋干法复合、挤出复合：GB/T 10004—2008[S]. 北京：中国标准出版社，2008.

[13] 中华人民共和国国家质量监督检验检疫总局，中国国家标准化管理委员会. 包装术语（第6部分）：印刷：GB/T 4122.6—2010[S]. 北京：中国标准出版社，2010.

3. 法律条文

[1]《中华人民共和国食品安全法》

[2]《中华人民共和国产品质量法》

[3]《中华人民共和国广告法》

4. 包装类别的设计大赛

[1] 中国包装创意设计大赛

[2] Pentawards 国际包装设计大奖

[3] Red Dot Design Award 红点设计奖

[4] FBIF Wow 食品创新奖 Wow Food（包装赛道）

[5] Dieline Awards 全球包装设计奖

[6] iF DESIGN AWARD 德国 iF 设计奖（包装类）

[7] Golden Pin Design Award 金点设计奖

[8] Marking Awards 全球食品包装设计大赛

[9] D&AD Awards 铅笔大奖

[10] G-Mark（Good Design Award）日本优良设计奖

[11] ADC 纽约年度奖

一、课时

总课时为64课时。

课时分布：理论讲授16课时，实验实践48课时。

课时数仅做参考，可根据实际教学课时要求增减设计工作量。如果课时较少，可以适当减少实验实践作业的数量；如果课时较多，可以适当增加实验实践作业的数量。

二、教学目标

（一）课程性质

品牌包装设计课程是视觉传达专业的核心课程，它融合了艺术性与科学性，具有高度的综合性和实用性。本课程将深入探索品牌包装设计的历史发展、基本概念、设计原则以及外观与概念设计的要素。教学的目标是确保学生在掌握这些基础知识的同时，能够认识到品牌包装设计的深远意义：它不仅仅是美化商品的工具，更重要的是在商品保护、推动社会发展、提升生活质量、建立品牌产品形象以及引导消费意识等方面发挥着重要作用。更进一步说，品牌包装设计是体现社会责任的一个重要载体。通过这门课程的学习，全面培养学生的创新设计思维与品牌包装设计实践能力，为他们未来的职业生涯奠定良好的基础。

（二）教学目标

教学目标分为四大层面。

（1）知识层面。系统讲授品牌包装设计的理论体系，使学生掌握坚实、广泛的理论基础，为真题真做的品牌包装项目实践活动提供支撑。

（2）能力层面。通过细化实际设计项目，让学生在选题分析、市场调研、讨论汇报、产品命名、方案设计、定稿制作和效果呈现等环节中，锤炼自身品牌包装设计思维，提升运用理论与方法解决实际问题的能力。

（3）素质层面。强化学生运用品牌包装设计基础理论与视觉传达知识的能力，使其能够敏锐洞察并解决品牌包装领域的设计难题，同时培养他们的科研实践素养。此外，教学着重提升学生的生态、绿色、适度包装意识，培养他们的道德情操，使其建立正确的价值评判标准。

（4）育人层面。将社会主义核心价值观与课程紧密结合，弘扬传统文化，倡导工匠精神，增强学生的文化自信与民族自信。强调立德树人，关注农业、农村、农民等"三农"问题，培养学生的社会责任感、家国情怀、生态观念及人文精神。同时，致力于激发学生的创新意识与思维能力，以及团队协作与沟通表达能力。

三、理论教学内容

（一）品牌包装设计的认知（4课时）

（1）基本认知（包装概念与相关术语）。

（2）品牌包装设计的源起与发展趋势。

（3）品牌包装的设计要素。

（4）品牌包装的设计流程。

（二）品牌包装设计的规范形式探索（4课时）

（1）品牌包装设计的营销属性。

（2）包装的规范。

（3）包装材料认知。

（4）包装造型设计。

（三）品牌包装设计的视觉形式探索（4课时）

（1）包装的版式设计认知。

（2）文字编排类的包装设计。

（3）图形图像类的包装设计。

（4）缤纷色彩类的包装设计。

（四）品牌包装设计的创意与呈现（4课时）

（1）品牌包装策略呈现。

（2）品牌包装设计呈现。

（3）助力乡村振兴的包装设计实例体验。

（4）结合非遗文化的老字号包装设计实例体验。

四、实验实践教学内容

实验项目：从社会实际需求或学科竞赛命题出发，选择合适的品牌包装设计项目真题真做。

主要教学方法：采用"真题真做任务驱动"创新互动的教学模式。将真实的产品包装设计项目和实践教学相结合，采用真题真做，从社会实际需求或学科竞赛命题出发，带领学生深度研究产品包装的需求，提出问题，分析问题，进而引入课程的核心内容，培养学生的创造性思维，训练提高其产品包装设计能力，解决本课程的综合教学任务。

（一）品牌选题分析（4课时）

包括品牌包装选题资料的收集与整理、相关文化的调研、设计点的挖掘和情绪板的搭建。

通过实地调查与网络浏览，收集一定数量的选题资料，分类整理。在此基础上，初步构想品牌或产品的名称、文案（核心价值点、广告语和口号等）等文字信息。制作思维导图，搭建设计框架，做好前期调研报告。

（二）品牌选题的深入分析与包装设计的规范学习（8课时）

按照课程设计的要求，深入市场进行广泛的包装样本采集，确保所选取的案例既具有代表性又富含消费市场气息。

对所采集的包装作品进行细致入微的观察与分析，旨在全面把握包装设计的行业标准、结构造型以及材质选用的精髓。然后将选定的包装拆解展开为平面图，利用专业的矢量软件，以1:1的原尺寸进行高精度的临摹实践。在此过程中，仔细观察并还原每一个细节，掌握包装设计规范，提升审美观察能力以及对细节的精准把控能力。通过这种深入实践的方式，期望为学生打下坚实的包装设计基础，为其未来的创新与发展奠定坚实的基础。

在包装设计的规范学习的同时，可继续进行品牌选题的深入分析。

（三）品牌包装的标签及主展示面的方案设计（16课时）

完成某品牌单件包装标签的方案设计、主展示面的方案设计。

此阶段的学习要求循序渐进，由临摹逐步过渡至半临摹，最终迈向创新创作。可从文字编排、图形图像处理及色彩运用等角度入手，逐一学习并实践创作。随着学习的深入，将各平面视觉要素融合，结合初步构想的品牌包装文案、方案稿设计，进行深入细致的优化工作，将品牌故事、设计理念、产品特点等元素有机融合，力求完善并提炼出能精准呈现品牌理念与产品特色的最佳品牌包装方案，制作完成品牌单件化包装设计。

（四）品牌包装的完稿、效果图及展板设计（20课时）

首先完成单件化包装的完稿设计及效果呈现，在单件化包装设计的基础上进行系列化包装设计的完稿、效果图及展板部分设计。要求每套系列包装不少于3件，以确保设计的多样性与丰富性。其中，必须包含一件容器造型设计和一件纸质盒型设计，以展现设计者在不同包装类型上的驾驭能力。其他内容可根据学生的创意与喜好，自由选择其他包装形式，以进一步丰富系列包装的多样性。

五、成绩占比

平时成绩占总成绩的30%；期末成绩占总成绩的70%。

平时成绩构成：平时作业占100%；无故缺勤一次扣5分，扣完为止。

期末成绩构成：某品牌包装设计1套占60%，展板效果图占20%，总结汇报占20%。

六、平时作业

（1）前期调研，选题资料的收集和整理（20%）。

（2）包装设计的规范学习（20%）。

（3）收集整理设计参考资料，整理制作情绪板（20%）。

（4）思维导图、设计框架的呈现（20%）。

（5）策划某品牌包装产品命名及文案，凝练设计点（20%）。

七、期末作业

（一）某品牌包装设计1套

（1）标签的方案设计。

（2）品牌包装主展示面的方案设计。

（3）包装完稿的1:1刀版图（类型不少于3件，完稿图必须使用矢量软件制作）。

（4）包装完稿的效果图。

此套品牌包装设计成绩占期末总成绩的60%。

（二）展板效果图

品牌包装设计选题的A3效果图展板设计3~5张，要求重点展示作品的重要部分。每一选题要求最少有一张可以体现作品全貌的展板设计，展板内容可包括但不限于设计说明、设计点的展示、展示图及整体、局部或组合效果图等内容。效果图的分辨率为300dpi，其他具体要求参照各项赛事的官网作品提交要求。

效果图占期末总成绩的20%。

（三）总结汇报文件一份

PPT文件作为全部课程的精练总结，要求涵盖从选题构思、命名创意到前期调研、设计草稿、方案稿、最终完稿以及总结陈述等各个环节的关键内容。在整理汇报时，请明确区分平时作业与期末作业，确保条理清晰。同时，建议采用图文并茂的展现形式，使内容更为直观生动。

总结文件占期末总成绩的20%。

后　记

当清晨的阳光洒落，我启动电脑，准备为这本教材画上圆满的句号。然而，一位编辑朋友的微信消息打破了宁静。她连续发来四条信息："你现在有空不，帮我看个版式""我有个想法，你看是否可以""估计你也忙，那算了""感觉你一年到头都在忙"。她似乎有些犹豫，希望我帮忙审查一个版式，但在我回应之前，她已经决定作罢。这短暂的交流像是我忙碌生活的缩影，甚至无暇回应朋友的求助。作为一名大学教师，我常常被问："你有那么多寒暑假，为何还如此忙碌？"我也时常自问：我究竟在忙些什么？

自2021年承担这本教材的建设项目以来，我便陷入了焦虑的忙碌之中。这本教材历经多次修改，第一稿甚至被我全盘推翻。在深入写作的过程中，我越发感受到包装设计领域的迅猛变革。

这门我讲授了20多年的课程，不仅是我传授知识的舞台，更是我不断学习和进步的课堂。每年授课之前，我都会修订教学课件，紧跟时代步伐，融入新观念和新技术。我深切地体会到包装设计领域的快速变化，无论是在观念层面还是在表现形式上，它都以前所未有的速度在更新换代。这种变化既带来了挑战，也孕育着无尽的创造力和可能性。

品牌包装设计教材诞生于"包装材料与结构"课程以及"包装设计"课程的基础之上。这两门课程作为我院视觉传达专业的核心必修课程，一直被视为培养学生专业素养和实践能力的重要环节。然而，传统的教学模式往往偏重于理论知识和设计技能的传授，却忽视了包装设计与品牌、市场之间的内在联系。为了弥补这一不足，我们决定从品牌、消费市场的角度出发，重新审视包装设计的意义与价值，将包装设计与品牌营销紧密结合，构建一套融会贯通、紧密配合、有机联合的课程体系。本教材正是这一改革思路的结晶。

当然，教与学永无止境。这次的结束，只是新旅程的起点。设计的终极目标在于沟通和联结。设计从未孤立存在，它背后蕴含着品牌的故事、市场的需求和消费者的情感。品牌包装设计更是一门综合艺术，要求我们在有限的空间内既要传达产品信息，又要展现品牌风格。每一个造型、每一个材质、每一个色彩、每一个字体、每一个图案都承载着我们对品牌包装的理解和对消费者的尊重。

品牌包装设计不仅是产品的外衣，更是品牌与消费者之间沟通的桥梁。随着市场环境的不断变化和消费者需求的日益多样化，包装设计所承担的角色也越来越重要。它不仅要吸引消费者的眼球，还要传达品牌的核心价值和理念，与消费者建立情感联结。随着消费市场的不断变化，品牌包装设计教程也将不断完善和提升，以将最新的设计理念、最实用的市场策略和最经典的品牌案例呈现给读者。希望通过本教材的学习，读者能够全面提升自己的专业素养和实践能力，为中国包装设计事业的发展贡献自己的力量。

在编写本书时，我竭尽所能捕捉包装设计领域的最新动态和趋势，将最新的观念、技术和方法融入其中。然而，我也深知无论如何努力，这本书都无法完全跟上包装设计领域的变化速度。因为在这个领域里，每一天都有新的创意和想法涌现，每一次技术的进步都在推动品牌包装设计的创新。

因此，我希望这本书不仅仅是一本教材，更是一本能够启发读者思考和探索的书籍。我希望它能够帮助读者建立起一种开放的、创新的思维方式，让他们勇敢地面对未来的挑战并不断地学习和进步。当然，知识和技术总是处在不断地更新和发展中，这本书只是品牌包装设计领域的一个小小贡献，它还有许多不足之处需要不断地修订和完善。我希望读者能够以批判的眼光来看待这本书，提出宝贵的意见和建议，共同推动品牌包装设计领域的发展。

在编写过程中我得到了许多同行、专家和学生的支持和帮助，他们的意见和建议使这本书更加完善。特别感谢我的助手王孟德先生，他为收集和整理案例付出了大量努力。当前市场上有很多非常优秀且合适的案例，设计人员是品牌包装设计背后的无名英雄，为了尽可能地让每一张精选的品牌包装设计图片都有出处，本教材的设计案例要么选自 Pentawards 国际包装设计奖、德国 iF 设计奖及红点奖、Marking Awards 全球食品包装设计大赛、金点设计奖、英国 D&AD Awards 铅笔大奖、纽约 ADC 设计大奖等设计大赛的获奖作品，要么选自同行专家朋友的作品，也挑选了一些在教学过程中出现的有特色的学生作品，在此，我要向他们表示衷心的感谢。此外还要感谢中国纺织出版社的亢莹莹编辑和审稿老师的辛勤付出以及学校和学院领导的大力支持。

最后我要衷心感谢每一位拿起这本书的读者，是你们的关注和支持让我有了继续前行的动力和勇气。希望在未来的日子里我们能够共同见证品牌包装设计领域的更多精彩和奇迹。

2024 年 2 月写于东湖畔